U0046272

New
window
新視野 104

美白教主

白白 著

貨真價實的美白教主

　　美白教主李白白，這本書終於誕生，會保養又愛美的她，要將自己的壓箱寶，獻給大家和大家分享了。

　　WOW！不是用三言兩語能形容我的期待，只能親自打開這本書，用愛美的心細細品味了

暢銷作家　可藍

白雪 Why 公主

　　初次見到白白是在王牌大賤諜的化妝間，當時被化妝師七手八腳弄頭髮之際，餘光閃到一個不明發光體在身後！天啊！怎麼會有個女生比我還白！一定是全身上了粉（女生心裡的邪惡面又跑出來了）冷不防的飄到她身邊，藉著聊天之餘偷摸了這位白到令人忌妒的女生。我的媽呀！身體沒上粉？那她真的很白欸！

　　因為追求「白」這件事，我跟白白一樣有著著了魔的執著，也因此成為很好的姐妹淘。從白白身上，我更是偷學到了很多美白的小秘方，不論是暴露在外的皮膚或是只有親密愛人才能看的見的部分，在書裡白白更是掏心挖肺的希望所有讀者都能吸收這些白到發亮，白到刺眼，白到全世界都讚嘆的經驗分享！

　　姐妹們，喔，當然還有想變白雪王子的 boy 們，千萬得把這本書放在床頭櫃旁每天讀個十遍。如果這樣還無法讓你的人生漂白，起碼可以把希望寄託在下一代。大家一起朝向雪白的世界前進吧！

知名藝人　李冠儀

小黑炭的美麗之道

第一次見到白白的時候，覺得她是個很活潑可愛的女孩，每次和她提到美容保養的話題，就像打開話閘子一般滔滔不絕。我説白白，妳皮膚已經很好了！還有哪邊需要改善的呢？她説其實以前她是個小黑炭，現在有這樣的膚質狀況，可是經由長期抗戰努力下的成果呢！

本身擁有美國護理師專業證照的白白，透過自己專業的剖析，在書中不僅分享自己的美容保養之道之外，還對於自己追求美麗的經過侃侃而談，希望讓每個愛美的女孩都能像她一樣，擁有從內到外的自信與美麗。美不是天生，只有懂得創造自己美麗的人，最美。

白白是一位美麗的女人，擁有一顆善良的心，樂於與它人分享她的美麗之道。很高興她有這樣的情懷，樂於為之序，將這本書推介給天下愛美的女士們，希望大家參考之後都可以達成自己的願望。

米蘭時尚診所醫師　**林維善**

為什麼？為什麼？為什麼？

看到白白心中就自然產生許多疑問……

她為什麼可以那麼白皙動人？為什麼？為什麼？

她為什麼身材可以那麼好？為什麼？為什麼？

她為什麼連腳指頭都那麼漂亮？為什麼？為什麼？

對於白白，我有好多的為什麼，相信各位也是吧？

現在白白要出書了喔！要來告訴各位，她是如何維持白皙動人的肌膚，如何可以像她一樣從頭美到腳，好奇又愛漂亮的朋友們千萬別錯過了！

恭喜白白，也謝謝妳願意與大家分享妳美麗的秘密。祝福妳新書大賣，也祝福各位美麗再現。

知名藝人　Vicky

自序

白白的保養哲學

一白遮三醜？

　　白真的會比較好看嗎？在東方人的審美觀裡「白」的確比較吃香，也曾聽過多位男性友人說「沒有一個男人不喜歡皮膚白的女生」。

　　姑且不論黑白美醜是個人的喜好，黑或白的皮膚在自己身上就可以很清楚看出不同，手臂內側外側的顏色和觸感，是不是較白的那面皮膚比較滑嫩且保水度很夠？

　　追求好萊塢眾影星小麥肌膚色時尚感的同時，別忘了留意他們都看起來比實際年紀超出許多，除了氣候乾燥外，多是喜愛日曬所引起的肌膚老化，照片上也多半是有上古銅色粉底或塗油在身上才有油亮的效果。

　　「黑」其實很好看，我也相當心動，只是黃種人很難「黑」的漂亮，想要曬成理想狀態可能要把皮膚折磨到多次曬傷，還是只有暗暗的黃。膚質也會因為紫外線傷害變乾、粗糙、老化、沒有彈性，平時保濕工作要不停加強，曬黑膚質還是很好的人是少之又少，所以我寧可將自己繼續白嫩，維持這樣肌膚的質感，且皮膚很白不等於沒血色氣色不好，白也可以白裡透紅，白的健健康康！

　　如果真的很想曬黑，請求助專業，去人工照紫外線，起碼強度是可以調整，而不是曝曬一整天的毒辣陽光吸收多少的紫外線都不知道，且漸進式的比較不會曬傷，但是老化還是會很快，在肌膚保養上面要

多加強保濕，還是要提醒大家，紫外線會對肌膚帶來傷害，適量就好
身體健康比較重要！

酷企鵝變天鵝非難事

　　當大家看到我第一句話都是「天呀……妳真的好白唷！妳
怎麼美白的！快教我！」我想我多年來的努力終於成功了。看
得出來嗎？從小我都被當小黑妞，我喜歡游泳曬太陽，非常容
易曬黑也不太容易白回來，絕對不是你認為的白肉底，學
生時代游泳課曬出的「國王」的泳裝足足穿在我身上穿了
五年，我靠的是後天努力保養白回來的。

　　這輩子很少遇到有人是完全曬不黑的體質。這幾年
的紫外線毒辣，身邊每位白肉底曬不黑的白雪公主們都一
個個曬黑了，就算沒有變很黑也留下膚色不均斑斑點點，
近看肌膚變的粗糙失去張力。年輕肌膚上也許還看不出
來紫外線傷害的痕跡，是時候未到。這一點一滴都在
慢慢累積，多年後悔不當初要付出更大的代價還不一
定換得回青春！

　　天生白的人不做好防曬就像是家財萬貫，不懂理
財、任意揮霍仍有坐吃山空的一天。

自序

擁有美麗要以健康為基礎

　　從學護理多年又到皮膚科診所工作後，深深覺得皮膚是一個很奧妙的器官，它可以顯示你體內外的健康，會白或會黑都不會是單一因素引起，絕對是多個因素環環相扣，只要健康快樂就一定美麗這是不變的定律，身體健康循環代謝好，皮膚就會透亮紅潤，美麗以健康為本，將身體調理好，只要生活作息規律保持心情愉快就是現代人最奢侈的保養品了！

勤能補醜，看見自己的美肌成果，再累都會好好繼續維持保養！

　　曾經工作太累回家懶得保養，差點倒頭就呼呼大睡，看著自己日漸粗糙的肌膚就算眼睛快闔上也要把妝和防曬卸乾淨，做完所有的保養程序，後來也改良出懶惰美容法，起碼還是會擦乳液才可以去休息，養成習慣以後，不做反而覺得生活很無趣少了些什麼，慢慢地保養有成，人人稱羨的超白嫩肌逢人就被問美白的方法，回憶起這幾年的堅持我想非常值得，也為了多年來的心血和撒出去許多銀兩交了一張閃亮的成績單，現在我說什麼也不破壞它，非常自發性地保護維持，我繼續努力維持做防曬對抗紫外線的傷害。

一生都要對抗的老化

　　現在我沒有想要變更白，只想讓全身膚色一致，現在積極防曬是

　為了對抗紫外線帶來的老化問題，研究指出九成以上的肌膚老化都是紫外線曝曬所造成，老化是不可逆轉緩慢累積在進行中，曾有人説過老化是像是一條無法逆向行駛單行道，你無法往回走，但你可以選擇減速慢行，延長到達終點的時間。人類無法對抗基因，無法將時光機器暫停更別提逆轉，我們能做的就是「預防」，在可以自己掌握的情況下，對抗「光老化」是一生重要的保養目標，現代人講求養生樂活，「慢老」是一種時尚文明的生活態度！

　　二十歲以前的美是因為年輕，二十五歲的美是麗質天生，三十歲的美是靠保養的累積，三十五歲的美是歷練成熟。四十歲的就看的出陽光在你身上累積的傷害……

　　我希望我的美不是因為年輕，也不是麗質天生，越早保養肌膚底子越堅固未來效果更好，正確的保養及防曬是投資報酬極高，穩賺不賠的對自己的長期投資，女人的保鮮期很短，多愛自己一點，妳會更有價值！

為什麼需要看這本書呢？

　　美白像是一場攻防戰，「進攻」目的就是要變更白，口服加外用內外夾攻；「防守」是指嚴密的防曬工作，全副武裝保護並對抗無形的紫外線炮火流彈襲擊，還運用延長戰術，足夠時間代謝來擊敗黑色素大軍，並同時擊退強敵「老化」。

　　美白和瘦身一樣都需要正確的方法才能有效達成目標，瘦身時要

自序

少吃或節食減少過多熱量攝取，在美白中的防曬扮演的角色相同，可以停止並預防黑色素生成累積，若是拼命擦高貴的精純美白精華而不做好防曬，就像是減重中的人增加運動量，但仍舊暴飲暴食，還是瘦不下來的，等到用了正確的方法瘦身也需要持續一段時間才會成功，瘦下來後還想繼續維持，則不能中斷節食和運動，瘦身和美白的過程都是愛美又要顧健康的長期抗戰。

一定要活得那麼辛苦嗎？

美白是一種健康的生活習慣，日常生活吸收極少量的紫外線即足夠，並不是只為了美觀，為了美白可以做的有很多，不是三言兩語可以說的完，由內而外、多管齊下，依照個人的生活型態和經濟狀況可以選擇最適合自己的美白方法，美白沒有一定要花很多錢，但一定要花些時間，把防曬做好就可以省下非常多不必要的花費。

也許你覺得夏天懶得防曬等冬天就白回來，我也同意！因為冬天紫外線強度沒有夏天強，雖然也有紫外線存在，但是因為氣溫低大家都穿厚重長袖保暖遮蔽住了，皮膚在健康的情況下，不額外做其他的美白工作，光是防曬做好，讓一年四季都像是過冬一樣，靠人體自然新陳代謝就可以讓人自然變白，如果要求更高的人就該為自己訂定出一個完整的全方位美白計劃了！

白白今天的美白成果是靠多年累積的努力，也曾經遇到瓶頸始終不夠亮白，後來發現自己皮膚不亮白的原因後加以改善，比如說經常

熬夜及臉部防曬沒做好，克服這些問題之後，深深體會到美白並不難，
一定要對症下藥用對方法。

美白沒有捷徑，正確的美白是教你不走冤枉路、不花冤枉錢。
每個人對於自己美白的期望不同，但我相信想美白的人對淨白的要求
都是沒有上限，能變多白就多白，在美白這條漫長路上，需要一點耐
心和時間，用健康、安全有效的正確方法，付出越多你就可以
得到越多回報，美白絕對沒有速成，只有相對更有效率。
　　　這本書是你的美白地圖，由阿白來為你帶路不怕迷路，
一起通往完美淨白最高境界。

目錄

Whitening knowhow

Whitening 1
美白先修班

找出妳的黑秘密，全面掃黑行
動對症下藥！

Skin
Laboratory.

肌膚研究室

皮膚是人體最大的器官,厚度僅有 0.5 到 3mm,皮膚表面 PH 4.5 到 6.5 為弱酸性,使細菌微生物難以生存,具有保護的功能是人體的第一道防線,可產生黑色素來抵禦紫外線對皮膚的傷害。經過陽光照射還可合成維生素 D 保持骨骼健康,表皮細胞不斷分裂角質化新陳代謝。還有分泌(汗腺、皮脂腺)、感覺(觸、壓、冷、溫、痛)、調節體溫、儲存血液(豐富微血管網分布)等生理功能。

表皮

又分成五層（以下由外而內），為角質化的上皮組織，不斷地新陳代謝。為皮膚最外層，與化妝品保養品最緊密相關。

角質層： 五層中最上層，弱酸性的保護膜，是皮膚第一道防線。由扁平又薄的角質細胞堆疊而成，可抵禦細菌等外來的刺激，新陳代謝二十八天，細胞不斷分裂剝落。含有 N.M.F（天然保濕因子）保持皮膚水份，缺水會影響皮膚光澤。

透明層： 為最厚的一層，是沒有生命的死亡細胞，只存在手掌和腳掌。長時間摩擦壓迫就會變粗厚形成所謂的「繭」。

顆粒層： 表皮細胞角化、死亡開始於此層，細胞核處於退化的不同階段，製造透明顆粒形成角質蛋白後細胞便死亡。

棘狀層： 有分裂能力，有黑色素。為表皮中最厚的一層，細胞間隙有淋巴液流動的通道，可供給表皮所需營養。

基底層： 表皮的最底層最靠近真皮。麥拉寧細胞（Melanin，黑色素蛋白）在此受到日曬等刺激便製造出黑色素，保護皮膚不受紫外線傷害。膚色黑白就是由這一層中的黑色素細胞活性決定！不斷分裂產生新的表皮細胞，增殖的細胞往上推，約 28 天送上皮膚表面的角質層脫落。

『白白的小祕密』
——皮脂膜是？

皮脂膜是覆蓋在皮膚表面的一層超薄膜，由皮脂、汗水及角質層的成份所組成，呈現弱酸性細菌不易滋生，能保護皮膚不受外界的刺激，保持皮膚水份，防止自然保濕因子（NMF）水份散失。如果皮脂膜薄弱，角質便會容易脫落，皮膚表面看起來就會乾燥。這個天然的酸性保護膜還可讓老廢角質代謝，避免黑色素沉積形成斑點及黯沉。

真皮

皮膚中最厚的一層，含水量越高皮膚彈性越好，由膠原纖維、彈性纖維的結締組織構成，保持皮膚的張力和彈性。真皮層又分乳頭層和網狀層，上 1/5 是乳頭層，微血管網調節膚色紅潤、胡蘿蔔素沉積使膚色變黃。廣泛分佈著微血管及末梢神經，能感受觸覺與負責將氧氣及養份送達皮膚。含有豐富的水份，與角質層的含水情況影響皮膚的彈性。而網狀層決定皮膚厚度和彈性，含脂肪組織、血管、汗腺、毛囊、神經、皮脂腺等腺體開口。百分之八十由膠原蛋白組成。纖維母細胞製造出來的纖維狀蛋白質和彈性纖維，隨著年齡增長流失變質失去張力形成肌膚紋路。之間的水膠狀物質主要成份是透明質酸（Hyaluronan），又稱醣醛酸，就是我們熟知有卓越保濕效果與水份結合可維持大量水份的「玻尿酸」。

Whitening

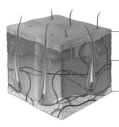

表皮

真皮

皮下組織

皮膚分為表皮、真皮、皮下組織三層

皮下組織

含有一般體感覺受器，脂肪細胞分布在此，脂肪可以提供儲存能量、維持體溫，還有構成女人曼妙的曲線，女性和小孩此層會較厚。

POINT

『白白的小祕密』
——肌膚的天然保濕機制

肌膚表皮有 N.M.F（Natural Moisturizing Factors）天然保濕因子為表皮角化過程中的產物，具有調節肌膚酸鹼值的功能、有強力吸水性貯存水份、保持角質細胞的含水量，使肌膚飽水充盈。隨著年齡、氣候、環境的變化，缺乏天然保濕因子皮膚就會乾燥無光澤，變得脆弱容易敏感，甚至脫皮、長皺紋逐漸老化。

保養重點以保濕為最優先，皮膚只要保濕作的好，角質層排列平整含水量越高，膚質就漂亮有光澤，觸感柔軟有彈性，進行美白工作也更有效率。皮膚覆蓋了我們全身上下範圍很大，這麼大一張難免會有些皮膚問題，如果發現異樣一定要投診皮膚科，切勿亂塗抹藥物或使用保養品。

Black
Secret。

黑秘密

妳飽受「不白之冤」嗎？ 找出妳的黑秘密，全面掃黑行動對症下藥！決定膚色的因素有表皮黑色素蛋白、真皮層血管數量、血色素及胡蘿蔔素等相關因素，這些色素的含量及分布情形影響了膚色的深淺、偏紅或偏黃，其中黑色素蛋白的多寡及酪氨酸酶活性更是關鍵！

黑色素的形成：當陽光照射肌膚表面，刺激表皮基底層內表面有許多樹枝狀延伸的突起的黑色素細胞（Melanocytes），黑色素細胞中的色素顆粒合成黑色素體（Melanosomes），同時也催化酪氨酸酶（Tyrosinase）的活性，在黑色素體內酪氨酸酶與血液中的酪氨酸（Tyrosine）反應氧化形成Dopa，接下來進行一系列的反應後生成黑色素蛋白（Melanin），之後酪氨酸酶即失去活性便擔任運輸工作，將黑色素蛋白移送到角質細胞，移送越多膚色則越深，在表皮局部大量聚集後就形成了斑點。

黑色素具有保護功能：經過紫外線的照射，人體會自動產生「自我防護」功能，產生黑色素來抵禦紫外線，減輕對皮膚的傷害，是皮膚重要的功能之一。白人就是酪氨酸酶的活性被壓制，皮膚因而顯得白皙，反之，黑人的酪氨酸酶作用很活躍。所以在日曬時皮膚無法防護容易敏感，這也是為什麼皮膚白的人比較容易曬傷的主因，白人發生皮膚癌的機率也較高。

黑色素的分布：黑色素含量多少，與種族、環境、天氣、生活型態、內分泌、健康等因素息息相關。在身體不同部位也有不同的黑色素含量，以形成不同膚色，例如：乳暈、腋下、胯下、會陰處都比身體其他部位含有更多量的黑色素蛋白，所以這些地方的膚色容易較暗沉。

找出你的黑秘密

　　為什麼我的皮膚黑就是白不了？知道自己的問題在哪裡嗎？肌膚會說話，諸多因素環環相扣，皮膚變黑絕非是一次日曬、壓力、熬夜、疏於保養所造成，都是日積月累的結果，這幾個常見的因素都不是單選，從以下幾項去了解，除了可以知道自己問題出在哪，還可以針對某一方面做改善，美白掃黑工作並不是只有塗抹保養品而已！我們要全面通緝黑色素！

日曬：為避免肌膚受到陽光的傷害，日曬時黑色素扮演著保護細胞的角色，經年累月的生成增加，往上分布到表皮層改變了我們的膚色，這是很常見的皮膚變黑的問題，要避免就只能確實做好防曬工作，這也會是這整本書我不停強調的重點，美白一定要以防曬為首才能有效。

許多人會說我沒曬太陽為什麼我還會變黑，除了下列幾點的因素外，不一定要曬太陽，事實上我們要防曬的是紫外線，它所在之處比你想像還多！為了健康就算沒有要美白也要養成防曬的習慣，也預防紫外線造成肌膚的老化！

此外，台灣女性有一個很常見的保養問題，我們保養的重點多半都只有在臉上，經常看到路上的美女只有臉白，近年來有比較進步一點脖子也有白，但是手、腳、胸口前露出來的部位，都有明顯的色差，明明臉是又白又嫩，頸部以下近看膚質不好，膚色也不均又粗糙，只有臉部做保養和防曬，其他部位的保養都忽略了相當可惜！

熬夜作息：熬夜對現代人已經是家常便飯，當夜貓子一點都不寂寞，半夜上網還掛在線上的人還真多，久而久之就養成習慣，長期下來不但身體健康發出警訊，內分泌紊亂、失調，皮膚就會發出無聲的抗議，還會影響黑色素生成代謝能力，血液循環不佳，肌膚保水度也變差無光澤，且作息不正常無法有效抵抗自由基的殘害，會造成肌膚老化，膚色也難水嫩白淨無瑕。

新陳代謝在夜晚時最旺盛，美容覺時間是晚上十一點到凌晨兩點鐘，夜晚進行美白保養效率會更好。把握夜晚讓身體休息擁有最佳的代謝和修護功能，膚質自然會透亮潤澤。

雖然我非常愛美很努力美白，我最難克服的一項問題就是熬夜，我已經熬夜成習慣，每天都很「早」睡，都是接近天亮早上才睡，非常傷身不健康，一連趕稿這幾天就臉好暗氣色很糟，白了一身，卻只黑了一臉，實在很不協調呀！

Happy Day。

心情壓力：壓力會使膚色黯淡無光，工作忙碌壓力大加上熬夜，逐漸面有「菜」色，我們都曉得肌膚會說話，這也是為什麼有人談了戀愛人逢喜事精神好，擁有「戀愛般的好氣色」，不用說就感受到幸福的喜悅，白裡透紅時時笑容滿面，充滿自信活力，皮膚會比你的健康檢查報告還早預知。

生活中難免有壓力，人生各階段時而大風大浪時而風平浪靜，身體都會感受到你心理的壓力反應出生理的變化，如作息紊亂、情緒壓力都可能會造成圓形禿、脂漏性皮膚炎、油脂分泌多、青春痘、粉刺、暗沉無光澤、氣色不佳等現象。

有時候人生放輕鬆，保持心情愉快，適度好好地休息舒壓一下，充電後整裝再出發，對自己的工作效率、身體健康都有幫助，充滿正面能量凡事一定會順利的，相信自己！調整好心情，正面的情緒回來了，自然就會明亮有好氣色唷！

缺氧：膚色紅潤表示血液循環順暢，肌膚呈現健康亮澤具有透明感，白裡透紅氣色看起來很棒，反之，身體狀況不好，血液循環變慢、血液中二氧化碳較高、含氧量不足，肌膚就黯淡缺乏光亮感，顯得膚色暗黃不健康。

生活壓力大又少運動，不知不覺中我們就會呈現慢性缺氧的狀態，出現經常打呵欠、精神不濟、忘東忘西、容易疲倦等等初期的症狀，請務必開始調整生活習慣，每天至少運動二十分鐘、飲食均衡養成食

用蔬果的習慣，例如花椰菜、核桃、柿子、蕃茄、梨子、草莓等含抗氧化成份多的蔬果，且每天睡眠一定要睡滿八小時，使身體機能得到充份休息。

新陳代謝不佳：你的皮膚新陳代謝是二十八天嗎？皮膚的「正常」代謝週期是二十八天，表皮細胞從生成至死亡到脫落大約是二十八天。嬰兒幼童的新陳代謝快，所以他們的膚質最好保水度最佳，傷口也較成人不容易留下疤痕，隨著年紀增長、紫外線傷害、壓力等影響下，新陳代謝速度變慢，角質碎片雜亂堆疊在表皮，導致保養品不好吸收，肌膚外觀也黯沉粗糙，易造成色素沈著。

　　身體健康新陳代謝好皮膚就一定有光采，如同動物一樣，我們從

外觀和活動力便可以查覺出牠是否健康。隨著年齡增長，老化也是影響代謝速率的重要因素之一，在保養上就要多花一點心思，可以加強按摩、去除角質來增進代謝，預算寬裕也可以考慮醫學美容的雷射治療及美白針，日常調理可以加強美味又健康的中藥食補，氣血充足後，血液循環好、新陳代謝順暢身體就健康，肌膚就會飽滿透亮唷！

　　角質層太厚會導致皮膚外觀看起來暗沉、摸起來粗糙不平滑、塗抹保養品都難以吸收，因代謝變慢造成表皮厚厚堆疊老廢角質，使黑色素更不易排除。

　　許多美白產品都有添加酸類成份，例如：水楊酸、果酸、A酸等等，有助剝除老廢角質去除暗沉使膚色明亮。定期適度去角質，有益美白肌膚的保養工作，過度去角質則容易破壞肌膚原有保護機制，容易產生紅癢敏感等症狀，如何正確去角質也是美白工作中相當重要的一環。

天生黑肉底：遺傳是影響膚色的一大因素，這是目前最難克服的美白問題，黑色素的量已經由基因注定了，難以改變！

　　經常有人會說自己是黑肉底，對美白很絕望，直接放棄保養，更不可能防曬，要是全家人都愛戶外活動又不愛做防曬當然全家都會黑，生活型態也是要考量進去的因素。

　　黑肉底要白很難，話說回來，你真的是黑肉底嗎？別再說大腿內側或胸部是你可以最白的膚色了，那只是少日曬的部位，是你還未經保養過的膚色。認為自己是黑肉底的朋友們先別絕望，這輩子沒白過，

那就不妨給自己一個月的時間試試,好好地防曬及做好美白工作,挑戰自己白的極限!就算沒有變白也將自己的膚質保養好了,黑到發亮擁有好膚質是我最欣賞!

荷爾蒙:自青春期開始,女性的皮膚就受生理週期中動情激素與黃體激素的分泌所支配,在月經快來前,體內黑色素變得更活躍,臉部的斑點會加深。

懷孕時會產生一些皮膚的變化,例如色素沉澱、血管變化、皮脂腺分泌旺盛、汗腺較活躍以及頭髮問題等等。不少孕婦在懷孕期間,會發現自己在乳頭、乳暈、腋下、肚中線、外陰部、胯下等皮膚有色素沈澱的現象,這些色素沈澱,在產後大部份會慢慢變淡。

常見的荷爾蒙補充劑有口服避孕藥,主要成份是雌激素加黃體素,早期傳統的口服避孕藥副作用很明顯,包括噁心嘔吐,體重增加,乳房漲痛,色素沉著等,雖然可以治療面皰、改善膚質但是容易形成黑

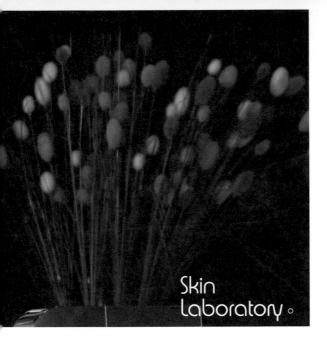

Skin Laboratory。

斑，新型的低劑量口服避孕藥針對這個部份有改善，還可以緩解許多因為月經引起的問題，有高血壓、糖尿病、膽固醇過高病史者，在使用前應與醫師討論勿自行服藥。

敏感肌：容易發紅的敏感肌經常處於發炎狀態，發炎後也留下色素沉澱，使用美白產品刺激容易加劇敏感，不敢使用美白產品，膚色卻越來越暗，保養對敏感肌來説簡直是進退兩難。

　　將堵塞在毛孔中的粉刺清出，使皮脂代謝正常。正常代謝的皮脂、汗液與角質蛋白結合之後，所形成的天然酸性保護膜就是皮脂膜，不但能保護皮膚不受外界刺激，還保持皮膚水份，皮脂膜恢復健康了以後，減少發炎的機會，就不會再因敏感發炎而變黑。

　　當肌膚健康以後，膚色也會看起來更白唷！視肌膚狀況較穩定也可以開始慢慢加入美白保養，膚質的健康是最基本的美白，處於受傷敏感階段一定要先做好修護工作，才能白的更健康有效率！

White
Secret。

白秘密

　　了解黑色素的形成後，接下來要對抗黑色素美白大作戰，每種成份的肌膚美白機轉都不太相同，層層把關對症下藥把黑色素通通一網打盡吧！

阻斷黑色素形成：在黑色素生成前期抑制酪氨酸酶的活性，阻斷肌膚內部一系列的黑色素生成反應。這一類的美白成份有麴酸、熊果素、傳明酸、杜鵑花酸、維他命Ｃ醣甘、乙醯葡萄糖胺，深層美白效果卓越。

還原已存在的黑色素：黑色素生成之後，會藉由細胞運送往樹突傳遞向表皮延伸，此時最需要還原黑色素才有辦法淡化了，由於黑色素生成是一種氧化反應，受到內外在的刺激體內的酪胺酸酶（Tyrosinase）活化，催化無色的酪胺酸（Tyrosine）一連串的生化反應成黑色素蛋白（Melanin），還原作用可將黑色素還原變淡或無色。這一類可以還原、淡化的美白成份有維他命Ｃ磷酸鎂、維他命Ｃ醣甘、維他命Ｃ磷酸鈉，美白效果佳，還可刺激膠原增生、抗老防皺。

角質代謝：對於肌膚表層已經產生的黑色素，我們可以加速角質代謝、細胞更新來排除帶有黑色素的角質細胞，去除肌膚表層的黑色素，有助角質更新代謝的成份有果酸、植酸、維他命 B3 、水楊酸、維他命 A 衍生物（A 醇），可立即見效但較刺激，小心使用對膚質健康有幫助。

阻斷紫外線：黑色素形成只要短短幾分鐘，但是要分解還原消失需要數十天的時間，防曬可以預防黑色素生成，屬於外部的抑制，預防勝於治療，阻斷刺激黑色素生成的紫外線，內外雙重保護更能有效美白。防曬的成份二氧化鈦（Titanium dioxide；TiO2）、氧化鋅（Zinc Oxide）、Avobenzone（Parsol 1789）。

衛生署核可的美白成份

衛生署自民國八十九年陸續公告可使用於化粧品的美白成分共 11 種，美白產品含有 Tranexamic acid、Potassium Methoxysalicylate 及 5,5'-Dipropyl-Biphenul-2,2'-diol 等 3 種成分者，則歸屬含藥化粧品管理，業者需向衛生署申請許可證後才可以輸入、製造及販賣。

衛生署公告的美白成份含藥化粧品基準

成份名稱	限量	功用
Tranexamic acid 傳明酸	2到3%	醫界俗稱斷血炎，在臨床上本來是用於凝血，意外發現傳明酸有使肌膚變白的「副作用」。 能有效抑制酪胺酸酶的活性，阻斷黑色素生成，可美白肌膚，可抗發炎，且有抗氧化功能。在藥用處方籤中口服可治療肝斑、黑色素沉澱、雷射術前術後預防反黑等問題。 傳明酸也是美白針主要成分之一，搭配高濃度維他命C、B群及其他數種美白成份，以靜脈滴注的方式達到美白效果。穩定性高、不易受環境影響、溫和不刺激，不論口服、外用、美白針滴注等多用途，美白效果極佳。 在法規把關之下，外用最安全，用於口服及美白針有些副作用和禁忌症需要注意，請與專業醫師諮詢在許可下安全使用。
Potassium Methoxysalicylate （Potassium 4-Methoxysalicylate） 4-甲氧基水楊酸鉀鹽	1到3%	改善因日曬引起角質層碎片堆疊、紊亂的慢性角化異常，使角質代謝正常，角質層健康後，黑色素就順利代謝，抑制黑色素生成，防止黑斑產生，美白肌膚。
5,5'-Dipropyl-Biphenyl-2,2'-diol	0.5%	抑制黑色素生成、預防黑斑雀斑。

衛生署公告許可的美白成份

成份名稱	限量	功用
Ascorbyl Glucoside 維他命C糖苷	2%	為維他命C衍生物，有維他命C還原美白、抗氧化的功能，為了維持維他命C在保養品中的活性，將維他命與葡萄糖結合，在空氣中穩定不易被氧化，吸收進入皮膚後才分解，使維他命C在肌膚裡發揮最佳的活性，穩定性高也溫和，很受歡迎是常添加的美白成份之一。
Kojic Acid 麴酸	2%	黑色素生成過程中，酪胺酸酶的形成需要結合銅離子才能有完整活性，麴酸會整合銅離子以降低酪胺酸酶的活性，進而抑制黑色素生成、抑制發炎，達到明顯的美白效果。 數年前日本厚生省發現對實驗室白老鼠餵食麴酸有致癌性，曾經全面禁用而且下架，現又開放使用了。口服麴酸雖然會致癌，但是擦了添加麴酸的保養品，濃度較低且吸收有限，作用只會在皮膚的上皮細胞，更不會進入血液中達到內臟影響身體健康，可以安心使用。
Magnesium Ascorbyl Phosphate（MAP） 維他命C磷酸鎂	3%	為維他命C衍生物，安定性較易氧化的純維他命C好，用於美白保養上已經多年，穩定不易被氧化，安全性高、刺激性小、副作用較少，經過一段時間還是容易氧化有發黃現象，一般會建議有添加維他命C衍生物的保養品開封後要儘快用完。 維他命C除了還原黑色素美白肌膚外，對抗自由基、促進膠原蛋白合成，以達到抗老防皺的功效。
3-O-Ethyl Ascorbic Acid 3-O-乙基抗壞血酸醚	2%	2010年5月19日衛生署公告由含藥化妝品改以一般化妝品管理。 可抗氧化、抑制黑色素形成、預防色素沉澱、美白肌膚。

成份名稱	限量	功用
Sodium Ascorbyl Phosphate 維他命C磷酸鈉	3%	經皮膚吸收分解後，釋出維他命C來進行作用。較純維他命C安定不易氧化，可還原黑色素美白肌膚，對抗自由基、促進膠原蛋白合成，有抗老防皺的功效。
Ellagic Acid 鞣花酸	0.5%	抑制酪胺酸酶的活性，阻斷黑色素生成，達到美白效果，具有抗氧化、抗發炎作用。 鞣花酸屬於天然多酚的一種，存在於深色的水果中，像是蘋果、草莓、藍莓、櫻桃、覆盆子、葡萄、綠茶、胡桃等都富含鞣花酸，多吃多用內服外用美白效果佳還可以抗氧化、抗癌。 相較之下，比熊果素和麴酸還溫和又安定。近年來越來越多美白產品添加鞣花酸，是令人看好的美白成份！
Chamomile ET 洋甘菊萃取物	0.5%	有很好的抗發炎、鎮定舒緩作用，有效安撫肌膚敏感，避免因日曬後肌膚發炎所產生的黑色素沉澱，用於預防黑斑、雀斑。與其他美白成份一起效果會更好。
Arbutin 熊果素	7%	熊果素的作用原理類似於對苯二酚（Hydroquinone），不同的是熊果素的結構多了葡萄糖，較無刺激性，都是以抑制酪胺酸酶活性，阻斷黑色素生成來達到美白效果。 不當使用對苯二酚可能造成皮膚炎，法規有規定熊果素中含的對苯二酚只能20ppm以下，在法規嚴格管制下，對苯二酚濃度很低，可以安心在白天使用，沒有光敏感、反黑的問題。 熊果素有分α和β兩型，α型不會釋放出微量的對苯二酚，且α型對酪氨酸酶活性的抑制力比β型強約10倍，因此α型熊果素更溫和、用量更省、美白效果更好。

除了上述幾個美白成份外，還有些產品會添加修飾性粉體，如：二氧化鈦、二氧化矽、珍珠粉、雲母等，塗抹上的效果可修飾潤色，在視覺上立即讓肌膚白亮，還有幫助加速角質剝離的酸類成份，如：果酸、水楊酸、維他命A衍生物，在植物性美白成份像是桑白皮、薏仁、白芷、甘草、銀杏萃取等等，美白效果需要一點耐心，但是可以促進肌膚代謝、修護、再生、解除敏感、預防老化的附加效果有助肌膚美麗又健康。

禁用於保養品美白成分

對苯二酚（Hydroquinone）：干擾黑色素形成而有美白肌膚的功效，藥檢局也說明對苯二酚在臨床上對於雀斑、老人斑、口服避孕藥誘發肝斑及劣質化粧品所引起的黑色素沈澱，均有消退淡化的作用。

　　但是對苯二酚刺激性強，部份人使用後發生接觸性皮膚炎的副作用，且對苯二酚有光敏感的問題，曬到太陽會讓局部變紅、刺痛、脫皮甚至灼傷，需要小心防曬，連續長時間更要注意（超過2到3個月），容易有色素反彈、過敏的情形。不當使用反而造成皮膚損傷，因此行政院衛生署已於民國79年起將對苯二酚列為藥品管理，須在醫師處方或指示之下才能使用，化粧品中不能擅自添加該成分。

　　幾年前紅極一時的三合一退斑膏就是對苯二酚+A酸+類固醇，雖是自費但是價格相對保養品還是很便宜，當時皮膚科門診詢問度超高，其中A酸可促進表皮老廢角質代謝，刺激真皮層內纖維母細胞增生，合成膠原蛋白和彈力纖維，有光敏感性更需要嚴密防曬；另一個主角是類固醇，可消炎，使血管收縮、皮膚變薄，有短暫皮膚變更白更細緻的感覺。

White Secret

『白白的小祕密』
──三合一退斑藥膏使用注意事項

- ●依皮膚專科醫師指示使用，有問題隨時提出，若有不適馬上停止使用就醫。
- ●藥膏本身有角質剝除的功用，使用期間暫停去角質、磨砂膏、酸類等保養。
- ●藥膏只在晚上使用，隔天早上洗掉不停留。
- ●每種藥膏比例相同，每次使用量約一顆綠豆大小可擦全臉，只需要薄薄一層，不需要按摩，需避開眼唇敏感部位。
- ●使用後皮膚會較為乾燥且敏感，在保濕部份要多加強維持皮膚健康。
- ●白天注意防曬，防曬品需要 > SPF30，且每兩小時補一次。
- ●藥膏開封後存放在陰涼處不放置超過三個月。
- ●依醫師指示使用三個月後休息一個月，勿長期不間斷使用。

汞（Mercury）：七十年代的美白產品多含有鉛、汞，用在表皮時會結合蛋白質破壞酪氨酸酶的活性，阻斷酪氨酸氧化成黑色素，除斑美白快又有效，但是長時間重金屬物質沉積對健康恐有影響，且易引起過敏性皮膚炎或汞中毒，因此，自民國 72 年起，衛生署已將汞列為化粧品禁用成分，違反者，最高可處一年以下有期徒刑。

看不懂成份怎麼辦？

這幾年消費者意識抬頭，愛美民眾紛紛主張聰明敗家，很流行成份分析，但這是我長久以來的疑問，就算已經使用保養品多年，英文底子

還可以，仍無法完全看懂瓶身或盒上的英文成份，沒有專業化工的知識，詳盡的成份表對我們來說也是鴨子聽雷。可以看懂中文和常見幾個商品名，落落長的成份可能需要查化工成份專業字典才有辦法認識它，衛生署合格幾個美白成份常看就懂了，其他的就得靠經驗的累積了！

我們經常被廣告美好的成份功效吸引，成份添加有效濃度也是很重要，含量也不是越多越好，如果超過安全用量，反而會對皮膚造成刺激，看懂成份可說是一門大學問呀！在學會成份分析前我們只能靠政府主管機關為我們嚴格把關了！

若真的看不懂就別鑽牛角尖了，看的懂成份又看不出它實際添加量、製作過程、用料等級和處理方式，成份千百種難以去全面了解，單從成份表很難看出它會不會太油太滋潤或致粉刺，只能參考，實際去用看看才知道，就算是網路大家普遍好評的商品，也不見得會適合自己，畢竟每個人用起來感覺不一樣。有些成份的添加都有它的功能性，勿妖魔化它們了！

添加的某些成份也不是完全都是負面的，適量添加都有它的原因，不需要過度反應，比如說添加酒精當作溶劑，事實上濃度非常低，對肌膚根本沒有刺激性甚至傷害，或是添加氫氧化鈉調整酸鹼度，只是為了維持內容物成份的安定，產品本身可能趨近中性而非想像中的強鹼性，所以說光看添加物還是難以斷定！

除了知道成份本身功能、特色外，還有成份與成份間的相互關係，

多了解絕對是有利無弊，但是太過專業的問題解讀需要更具專業經驗
才能夠全面了解，否則一知半解、以偏概全，失去成份分析的美意。

含藥化妝品

行政院衛生署將含有醫療或毒劇藥品成分的化妝品稱為「含藥化妝
品」，從字面上可以了解到，這些化妝品中的成分有含藥或含劇毒成
分，衛生署特別提出做管制，大部份的美白、防曬、染髮、燙髮、止
汗制臭及殺菌抗菌的效果都在含藥化妝品中規範。

含藥化妝品在字面上也很容易被消費者誤解，普遍會被認為這是
含有「藥物」的化妝品，許多負面看法隨之而來，認為這是有含「藥」
成分不可以長期使用，用久了還會產生抗藥性對皮膚不好，以後皮膚
用什麼都沒有用。其實含藥化妝品還是化妝品，它不是藥物。

有的人甚至認為含藥化妝品效果更好，事實上它並不是一個療效
的保證，只是規範這些成分在限制的濃度下讓消費者可以安全的使用。

美白保養品的選擇

平時我們只能從預算上考量選擇受好評的保養品，比較不容易買
到地雷品，只是值得注意的一點是每個人膚質不同，造成「黑」的問
題也不同，先找出自己的問題，然後再對症下藥，比如說是因為代謝
慢角質堆積引起，選擇用昂貴的熊果素、傳明酸、左旋 C 等成份的精
華液，作用是抑制黑色素生成、還原美白，但是角質層厚吸收不良，

White
Secret 。

效果更是大打折扣！這種情況應該是用果酸或 A 酸的保養品來幫助角質代謝，厚厚的角質清除了肌膚就明亮了，之後再選用其他的美白保養才會更有效率唷！

　　而在現行的化粧品衛生管理條例中都有明文規定，美白產品屬於含藥化粧品，業者必須標示清楚所使用的美白成分、含量及使用的注意事項等，有政府單位嚴格的把關下，這些是基本一定要注意看的。保養品種類繁多在市場競爭激烈下，產品都有一定的品質，只要是知名品牌效果我想都有一定的水準，我反倒認為各品牌用起來差異並不大，正確的使用才可以將保養品的效用發揮到最大！

全方位美白大作戰

想美白？先停止曬黑吧！讓肌膚自然代謝後的美白成果也許就很令人滿意了，許多人瘋狂努力在美白，一直苦惱效果不如期待，事實上九成的人是沒有正確嚴密的防曬。雖然你都沒去曬太陽，但你知道紫外線無所不在嗎？

正確好好地防曬之後，也了解黑色素的成因，知道如何對症下藥找尋合適自己的美白成份，接著在日常生活中，由內而外深層調養，從食療、作息、每天的例行保養，多管齊下，目標是美白無死角，身體每個部位都白不是只有白一張臉，你懶的話我也幫不了你。美白沒有捷徑，無法速成，阿白只是教你不走冤枉路花冤枉錢。

喜愛戶外運動，曬出一身健美的小麥膚色，看起來好健康陽光，大家總愛說小麥膚色健康，誰說白就不健康？事實上剛好相反，皮膚白的皮膚一定比黑的健康且年輕，因為有好好保護不受紫外線傷害。適度的運動，不要把懶惰疏於保養和沒有正確防曬觀念當做變黑的藉口，濫用黑皮膚才健康，別再安慰自己了！摸摸那粗糙缺水被你摧殘已久沒有彈性的肌膚，好好地愛惜它吧！白也是可以很健康，而且身體健康了皮膚才會白皙！

你到底可以白到什麼地步？ 我一年比一年白，不是多年前大家說最白只會白成我胸前、大腿內側的顏色，我還在努力挑戰極限中，膚質還變得更好更穩定，歡迎加入我的行列！

美白長期抗戰你準備好了嗎？

Basic Class,SPf

Whitening 2
美白基礎班

曬黑容易美白難，
防曬擺第一！

防曬

　　每當極度想美白的人求助於我，我第一句總是問：「你願意做防曬嗎？」如果得到的回應是「我好懶唭！」、「我很怕熱」、「我沒時間」之類的回答，我一定會非常直接回：「那我不想教你，因為浪費時間又浪費錢。」

　　美白沒有速成，花再多錢都一樣，不想做防曬甭想美白，防曬學好再跟我談美白，否則只能永遠走一步退兩步。

　　防曬是為了防範生活中的紫外線對肌膚帶來不良的影響，保護皮膚表皮層和真皮層不受外來的傷害，預防老化及新的黑色素生成。防曬是從小就要養成的良好生活習慣，紫外線所引起的傷害是不停累積的，人的一生中都要持續地對抗紫外線，阻斷紫外線直接及間接照射到人體，防曬所帶來的效果不是立即，很容易令人忽略，在一、二十年後可以看出你預防做得徹不徹底。

　　防曬的方法有許多種，只要講到防曬大家第一個會聯想到要用擦的，也就是防曬乳的使用。過去防曬乳依成份、作用原理可分為化學性及物理性兩大類，但現在較少純化學性和純物理性的防曬，多半是化學性和物理性混合，我個人喜歡把防曬乳歸類在化學性防曬，因為防曬乳是直接塗抹在肌膚上外來含化學成份的保護劑；物理性防曬是舉凡可以蓋住皮膚達到防曬效果的任何事物都在此範圍內，最常見的就是傘、衣物、口罩及帽子等。

最好的防曬就是不曬

防曬就是要防護紫外線，避免與紫外線肌膚之親的方法就是不去接觸它，沒事絕對不會在白天出門，有事就等天黑才出門，像是吸血鬼一樣晝伏夜出，平時躲在家裡不開燈，非不得已要出門我一定是包的緊緊的，全付武裝迎戰紫外線，而女藝人的工作沒有在換季的，一年四季上通告都要穿短的，不可以包得密不通風，在攝影棚中的紫外線比日光還毒辣，此時防曬乳就提供我最佳的防護。

　　防曬要防的就是會對肌膚造成傷害的紫外線，預防勝於治療，把傷害減到最低，但你不知道傷害會有多大。如果可以選擇，我不得不說最好的防曬就是不曬，效果最好對肌膚無負擔，也經濟實惠！

美國皮膚科醫學會的防曬口訣 ABCs

A（Away）遠離。正午時間遠離陽光：防曬工作最簡單、最便宜的方法就是「躲」紫外線，一天當中紫外線最強的時段是早上十點到下午四點，這段時間要避免出門，最好是天完全變黑後才出門；如果可以走在騎樓、樹蔭下，我絕對不會走在有陽光直接照射無遮蔽物的空地，更別說是日光浴了，平時還可以坐捷運，減少日照機會還可以節能減碳喔！

　　在戶外停留時儘量待在有遮蔽物的地方，且遠

離反射性強的地面，如：水泥地、沙地、雪地、水面等這種大面積反射度強的表面。嚴格說起來不論晴雨、秋冬天、採光好的室內、含高紫外線的燈具也是需要小心「躲避」的！

B（Block）阻擋。SPF 15 以上的防曬乳：美國皮膚科醫學會建議使用至少 SPF15 以上的防曬乳，我補充還需要 PA++ 以上才可有效防護 UVA 夠深入肌膚底層的傷害，只要衣物有露出來的部位都要有效且正確塗抹。（防曬的部份後面有更多詳細說明）

C（Cover up）遮蔽。穿長袖衣物及寬邊帽：把皮膚遮蓋住就可以抵禦紫外線入侵了！是有效又簡單可以達到完整防護的物理性方法，致命缺點是會比較悶熱，衣物太薄又達不到防曬效果，難以兼顧舒適和防護兩者，市面上販售的防曬專用衣服有針對這部份做改善，除了穿長袖衣褲還可以撐傘、戴太陽眼鏡、帶寬帽緣的帽子。

S（Speak out）與親朋好友宣導正確防曬的重要：身邊只要有和我接觸過的人也開始慢慢著手防曬，剛開始可能會覺得麻煩，似乎很浪費時間，其實久了就和吃飯睡覺一樣自然，養成習慣後不做反而感覺渾身不對勁，英國學者研究出養成習慣平均需要六十六天，我想需要的時

間長短因人而異，防曬是一種健康的生活習慣，只要兩個多月大家不妨可以試試看給自己一個機會，永保健康美麗唷！防曬效果最好就是A+B+C，全面徹底防護！

紫外線指數（UV Index）

為了提醒民眾做好防禦紫外線的工作，保護皮膚和眼睛的健康，自民國八十七年七月起新聞氣象增加播報「紫外線指數」（UV Index），紫外線的分級是依據世界衛生組織（WHO）所制定的標準，有具體的標準更方便民眾作防護上的參考，指數分為 0 到 15 級，數字越大表示潛在危險越高。

太陽照射的角度因季節而不同，紫外線強度會改變，越靠近赤道的地區，紫外線級數會越高，此外因天氣狀況、雲量、空氣污染、臭氧層厚度等因素也會影響紫外線強度。

以紫外線指數（UV Index）將紫外線強度分級

紫外線指數	曝曬級數	曬傷時限	防護措施
0到2	微量級		
3到5	低量級		
6到7	中量級	30分鐘內	帽子/洋傘 +防曬液 +太陽眼鏡 +盡量待在陰涼處
8到10	過量級	20分鐘內	帽子/洋傘 +防曬液 +太陽眼鏡 +陰涼處 +長袖方物 +上午十時至下午二時最好不外出
≧11	危險級	15分鐘內	帽子/洋傘 +防曬液 +太陽眼鏡 +陰涼處 +長袖衣物 +上午十時至下午二時最好不要外出

出處：環保署全球資訊 http：//www.epa.gov.tw　中央氣象局全球資訊網 http：//www.cwb.gov.tw/

紫外線指數（UV Index）標示

●微量級（綠）●低量級（黃）●中量級（橘）●過量級（紅）●危險級（紫）

紫外線

　　連皮膚科醫師都聞之色變的紫外線是美白肌膚的頭號公敵，即使沒有日曬或從事戶外活動，日常生活中室內也有紫外線，積極美白消滅黑色素的同時，也別忘了肌膚的防守工作，做好防曬預防黑色素新生成，才不會讓美白效果走一步退兩步！

紫外線（Ultraviolet ray）

　　臭氧層是地球的防護面紗，當地球污染問題日益嚴重，臭氧層每年的厚度都在遞減，越來越薄出現破洞，大量有害的紫外線出現在地球表面，對人體的傷害也越來越大。

　　紫外線（Ultraviolet ray）存在於大自然中，是一種肉眼看不到，比可見光更短波的光線，可依波長分為 UVC、UVB、UVA，對人體造成不同的傷害，相同的是，都會使自由基大量生成，加速皮膚老化，也都是導致皮膚癌的主要原因。

　　認識紫外線更可進一步小心防護，保護肌膚兼顧健康和美麗。

紫外線的波長以奈米（nanometer）來計算（1奈米＝十億分之一米）

紫外線分類	波長（nm）	特性
UVC	180-280	波長最短、能量最強。對皮膚傷害性最大，可能引起皮膚癌，可破壞染色體，對生物的殺菌作用很強，生活中運用在消毒、殺菌。 波長短大部份被大氣中的臭氧層所吸收，無法到達地表對人體產生傷害，但空氣汙染日益嚴重，臭氧層持續受到破壞越來越薄，以至於開始有少量的UVC到達地球表面，對人體的造成健康上的危害。
UVB	280-325	波長較短，能量較高。使皮膚曬紅、曬傷，俗稱「曬傷紫外線」，對皮膚的穿透性較低，傷害集中在表皮層，使肌膚角質增厚、暗沉、發紅、提前老化、眼炎、雪盲症（視網膜受到強光刺激引起暫時性失明）、降低免疫系統作用。 曬後立即看的見肌膚損傷，如：曬紅、曬傷。 長期累積會引起光老化及皮膚癌等嚴重傷害。 UVB曬紅、曬傷的能力比UVA強，能量較強，但比UVA容易防護。
UVA	315-400	能量較低，但穿透力強，波長長在自然界存在最多，到達地表的輻射量最多高達98.9%，穿透力很強，在室內UVA仍然大量存在。紫外線中約有九成以上是UVA，可穿過皮膚表層深入真皮層，直接破壞膠原蛋白和彈力纖維，使肌膚失去彈性，鬆弛引起皺紋，加速肌膚老化，黑色素沉澱產生斑點，是造成肌膚老化的隱形殺手。 令肌膚變黑的主因，俗稱「曬黑紫外線」，此外UVA還會使皮膚曬傷、老化、眼睛損傷、降低免疫系統。 **UVA中又可細分為UVA-1和UVA-2** UVA-1（340到400nm）： 佔到達地球UVA的75%，對皮膚的傷害性最大，為造成肌膚老化的元兇，穿透力最強，可深入真皮層破壞膠原蛋白，使皮膚老化鬆弛失去彈性，黑色素生成引起曬黑、長斑，防護很困難。 全年無休在冬天、陰雨天仍存在，可穿透玻璃及雲層進入室內，為人體接觸最多的紫外線，慢慢地不知不覺中造成皮膚老化、皺紋，引發的肌膚傷害是累積漸進的，容易被忽略。 UVA-2（315到340nm）： 波長較短，易引起曬傷。對皮膚有曬黑及曬傷的立即反應。穿透力強，對皮膚的傷害也很大，長期曝曬下會導致皮膚癌。

Ultraviolet
Ray。

波長短的 UVC 可被臭氧層吸收；波長較長的 UVA-1 和 UVA-2 穿透力強，可穿透玻璃進入室內、深入皮膚的真皮層。

波長越短能量越強，越好防護；波長越長能量較弱，UVA 即是防曬乳無法完全防護。

紫外線在哪裡？藝人工作時在攝影棚裡光打上去超美，膚質再差膚色再黑的人都忽然變得完美無瑕白亮，這神奇的蘋果光其實並不那麼可愛，所以我在上通告時也會每兩個小時補擦一次防曬，經常會被大家投注異樣的眼光關切，事實上紫外線在生活中無所不在，若要真正有效的美白，一定要留意紫外線所在之處，認真做好防曬！

這裡又沒有太陽，為什麼要防曬？當我在仔細補防曬時最常聽到身邊的朋友對我說，也是我解釋最多遍的，我們防曬要防的是紫外線，不是只有陽光。而紫外線遍布在我們日常生活中，而且我們經常會因為天氣涼、陰雨天而對它失去戒心，到底紫外線存在哪裡呢？

　　除了我們熟知的戶外大太陽底下紫外線兇猛，每天的早上十點到下午四點是紫外線最毒辣的時候，還有哪邊是你可能遺漏的呢？

室內：在生活中室內紫外線仍無所不在，陽光穿透進室內還有四十％以上，燈光如：捕蚊燈、鹵素燈、日光燈、投射燈、聚光燈、鎢絲燈、紫外線殺菌燈、電暖器等等，都有不同的紫外線輻射量，其中「鹵素燈」、「投射燈」、霧面的「鎢絲燈泡」的紫外線最強，約是日光燈的二十倍，在各個攝影棚化妝間鏡子前的燈光也是高紫外線，就算不常出外景的化妝師也都把自己曬黑曬老，最常見是曬出斑來，長時間照射依嚴重度不同可能會導致慢性灼傷，使肌膚加速老化、黑色素沉澱等傷害，若有燈罩保護可減低些許傷害，「省電燈泡」則是安全未檢測出有紫外線。

　　上班族也要注意了！平時早出晚歸要防護在辦公室裡的紫外線外，雖然早上的 UVB 強度較低，較少有曬傷或曬紅的危險，但 UVA 的強度影響差異不大，長期累積下來也是會慢慢曬黑及出現肌膚老化的情形。而通勤族雖然在交通工具裡吹著冷氣，但是 UVA 穿透力很強，半公分厚的玻璃，穿透率仍高達八十五％，防曬還是要做好勿掉以輕心；出國搭飛機更要小心，機艙裡空氣很乾燥，除了保濕要做好外，萬米高空中少了雲層的阻擋紫外線橫行，此時的紫外線殺傷力更強是日常的好幾倍。長程的飛行中建議多喝水，且穿有防曬效果的衣服防護，或是塗保濕度高的防曬乳保護肌膚。

　　餐廳裡昏黃柔和的燈光令我退避三舍，也許我不夠浪漫，紫外線籠罩下我無法享受「燈光美氣氛佳」，在百貨公司美美的聚光燈下陳列著最新上市的夢幻精品，看起來更有質感好想把它帶回家！但我一點都不想把「黑」帶走。

　　如果你工作經常要「曝曬」在燈光下請務必做好防曬，累積下來的成果不是財富，是健康的損失，要花更多錢去彌補。

秋冬：大部份人以為只有夏天才需要防曬，雖然冬天的 UVB 強度確實沒有夏天高，但 UVA 的強度和夏天差異不大，冬天不比夏天不容易曬黑及老化，冬天容易白回來是因為衣物穿比較厚重遮蔽住的關係，有露出來的肌膚仍需要做好防曬。

陰天：陰天厚厚的雲層並沒有防曬作用，僅能阻擋 10% 的紫外線，還有高達 80% 以上的紫外線能穿透雲層，紫外線指數通常還是有中量級，

小黑妞時期的白白

雲層邊緣反射紫外線後強度還增加，使得皮膚變黑，陰天也要小心防曬！

高山：文獻資料顯示海拔越高每上升一千公尺氣溫下降六度、紫外線增加超過 10%。由此可知高山的紫外線指數較平地高，從事登山之類的戶外活動更容易造成曬傷，防曬必須注意！

雪地：白亮亮的雪地可以反射七成以上的紫外線，而且範圍很大，因此一般會建議民眾除了肌膚要防曬外，還要佩戴有效抵抗紫外線的太陽眼鏡來保護眼睛，避免造成眼球的傷害。此外，平時行走在路上的柏油地也都會反射陽光，提高身體的曝曬範圍，也是要注意防曬。

水中：戲水時感覺好不涼爽，對紫外線容易失去防備。水面的反射會使紫外線強度增加，在水中只能阻擋一小部份的紫外線，75% 的紫外線仍可穿透到水深兩公尺處，紫外線還是可以對肌膚造成傷害，若想從事水上活動，建議選擇防水、抗汗的防曬乳並每小時補擦一次。

我又沒曬太陽，為什麼我變黑了？感受到的溫度是由遠紅外線造成不是紫外線，看見的光亮是可見光造成不是紫外線，所以在冬季或陰天都還是有紫外線，即使你感覺不到陽光的溫度、亮度，仍有曬傷和曬黑的可能！了解它的勢力範圍如此強大後，因此除了白天本來就該防曬外，平時不論春、夏、秋、冬或陰雨天，都要更加小心防護才是愛惜皮膚的正確方式！

電腦的光線會讓臉曬黑嗎？電器所產生的電磁波並不會引起曬黑，只是電腦族經常掛網作息紊亂，熬夜後當然面有菜色臉色黯沉，皮膚也很乾燥缺水，建議可以多敷面膜或多喝水，並減少熬夜頻率。

紫外線的好處

雖然紫外線有很多害處，多半是對肌膚健康和美觀有影響，但是在大自然中它提供了溫暖，是所有生物賴以為生必備的元素之一，在人體中還有一個重要的功能，就是由肌膚吸收紫外線後，讓天然的維生素 D 合成，這也是近年來許多專家學者在防曬部份頗有爭議的部份，我想許多事過與不及都沒有好處，只剩壞處，適量日曬是必要的，在本章認識了紫外線後要更懂得保護自己！

日曬有助維他命 D 生成：適度的日曬，對健康是有正面影響的，紫外線會和皮膚中的物質發生反應，產生維他命 D，維他命 D 可增進腸道黏膜的通透性，有利鈣和磷在腸胃道吸收，更易於進入血液及骨頭中，使骨骼更強壯，減少骨折的機會，維生素 D 在強化骨骼上扮演極為重要的角色，達到儲存骨本的功能。

維他命 D 的來源主要是日曬和飲食中攝取，富含維生素 D 的食物種類不多，如：魚肝油、油脂豐富的魚肉、雞蛋、牛奶等。

適度的日曬：就算平時再嚴密的防曬，百密總有一疏，我們不是吸血鬼長期住在終日暗不見天日的地下室裡，過量級的紫外線下即使做好萬全的防備，也很難防到滴水不漏，擦防曬總有遺漏的死角，而且是在有效的防曬情況之下，我自己已經是我目前人生中見過做防曬最徹底的人，其次是我妹妹，偶爾我們都還是會偷懶沒有補。事實上，在穿衣服的狀態下，每天只要日曬十分鐘，而且不是曝曬火辣辣的豔陽下，是在早晨或接近黃昏柔和的陽光，所產生的維生素 D 就已經足夠。

也有文獻指出現代人營養充足，不需要額外靠日曬來生成更多的維他命 D，我想飲食習慣因人而異，不管如何健康和美麗的排序一定是健康＞美麗，折衷一下取得平衡點，像我每天給自己至少十分鐘日曬，地點在我家的浴室，這裡採光非常好，陽光可以直射進來，穿著薄短袖家居服刷牙、洗臉、蹲廁所、洗衣服，很容易就超過二十分鐘，其餘的時間我則是繼續嚴密地防曬，我依舊是健康美麗兼顧了！

骨質疏鬆症：當骨頭中鈣質持續流失，速度遠大於鈣質攝取、吸收時就會演變成「骨質疏鬆症」，隨著人口的老化，台灣人罹患骨質疏鬆症的比率持續增加中，特別好發於停經後的婦女。由於骨骼硬度減低，輕者會引起變形，重者發生自發性骨折。發生原因與老化、荷爾蒙（婦女停經後）、少日曬、少運動及飲食都有關係，有家族病史罹患骨質

疏鬆的機率也較高。

　　少日曬反而不是我認為國人女性好發骨質疏鬆症的主要原因，日常生活中很容易就曬到足量，過度曝曬可能性比較大，女性朋友迷減重瘦身，導致飲食不均衡、偏食，熱量不夠身體所需，維他命 D 和鈣質攝取不足，也都會引起骨質疏鬆。值得一提的就是國人女性多半不愛運動，有規律運動習慣的少之又少，骨骼當然就更不健康了！

　　平時飲食除了多吃富含維他命 D 的魚類，還要多攝取鮮奶、優酪乳、乳製品、小魚乾等高鈣食品，少喝茶和咖啡避免鈣質流失，加上適度的日曬、規律的運動，在二十五歲前存夠骨本，遠離骨質疏鬆，相信三十年後我們都還是不折不扣的健康熟齡美女！

過量的紫外線

不可不知的光老化：外因性的皮膚老化最主要的原因就是紫外線的傷害，陽光中的紫外線刺激皮膚會產生大量自由基，使肌膚產生膠原蛋白變性，肌膚變得鬆弛失去彈性，肌膚觸感粗糙，乾燥產生明顯深淺不一的紋路，紫外線還加速黑色素生成，初期症狀很輕微，出現角質層增厚、毛孔變大、油脂分泌更多、更易長粉刺痘痘，很容易被忽略，接著肌膚乾燥缺水，漸漸皮膚變得暗沉，接著無法逆轉地老化……

 『白白的小祕密』
——紫外線日積月累的傷害造成的肌膚

- ●角質層增厚　●毛孔變大　●油脂分泌更多　●易長粉刺痘痘
- ●乾燥缺水　　●粗糙　　　●暗沉變黑　　　●代謝變慢
- ●老化鬆弛　　●紅腫曬傷　●細紋皺紋　　　●長斑
- ●肌膚敏感　　●膚色不均　●肌膚失去彈性

皮膚癌：過度的陽光曝曬下紫外線很容易引起皮膚病變，皮膚變的敏感發紅甚至發炎，長期反覆曝曬嚴重還可能發生皮膚癌，好發在臉、手背、前臂、頸部等易暴露在陽光下的部位，UVA 和 UVB 不單使肌膚老化、曬黑、曬傷，也是引發皮膚癌的主要原因之一。

皮膚癌的發生有九成與過度日曬有關，有白皙膚色、淡色眼珠和毛髮的人，他們缺少黑色素的保護，在先天上就比一般人更容易受到曬傷而引發皮膚癌，有色人種的皮膚有足夠的黑色素形成日曬保護，黃種人、黑種人的發生率較低。

眼睛：上帝造人時非常地貼心，將人的眼窩設計有凹陷，目的是可以有效減低紫外線照射，而且當眼睛受到強光照射，會有眨眼反射性動作，保護眼球不受紫外線等外物的傷害。

　　長時間處在雪地、海邊水面上紫外線反射強烈的地方，眼睛會出現疼痛、流淚、畏光、紅腫及視力模糊等症狀。紫外線帶來眼球的傷害有角膜、虹膜、結膜發炎及視網膜的退化，眼睛周圍也容易曬傷久而久之導致皮膚癌。

　　世界衛生組織（WHO）指出，有兩成白內障病例可能與過度日曬紫外線傷害有關，過量紫外線使水晶體蛋白質氧化變性，造成水晶體混濁透明度變差而影響視力，嚴重甚至可能造成失明。

『白白的小祕密』
——防曬不等於美白，只是降低變黑機會！

　　想美白一定要做好防曬，防曬可以停止變黑，讓皮膚健康穩定，美白工作會更有效率，甚至只做好防曬，皮膚健康自然代謝後的美白成果就很令人滿意。將防曬做確實在美白的路上就贏在起跑點上了！遙遙領先你身後那些不防曬走一步退兩步的人，停止變黑後的美白工作讓你跑更快更遠，沒有做好防曬再多昂貴的美白保養品、療程都是徒勞無功。

　　在夏天經常有人買了一套美白保養品欣喜若狂嘗試，過了一段時間覺得美白效果不佳外還反倒變更黑，到底是保養品無效還是你變白的速度不及變黑呢？

Whitening Queen

為什麼要防曬？

防患於未然，預防勝於治療：日曬當天回家洗頭時你會發現頭髮變很乾燥、分岔，還很容易打結斷裂，馬上就知道紫外線有多狠毒，對皮膚的傷害也是默默地進行中。黑色素的生成反應只需數分鐘，但要分解或淡化等量的黑色素可能需要數天到數十天才能完成，雖然做好防曬了，日曬後帶來後續延伸的身體反應也值得注意，當肌膚曝曬紫外線後，會生成黑色素，即使不再照射紫外線，因殘留於皮膚中的「紫外線記憶」，肌膚還是會繼續製造黑色素，讓肌膚一天比一天更黑；且隨著老化與紫外線的傷害，肌膚會逐漸顯得暗黃，因為真皮層受UVA 影響，膠原蛋白會產生醣化現象，除了使肌膚失去張力，還會使膠原纖維流失、失去光澤。由此可知事前的預防是很重要的，我們都不知道紫外線每一次會帶來多大的傷害，只能將可能發生的傷害減到最低。

皮膚白曬不黑也是要防曬：皮膚白的人黑色素形成量少難以保護肌膚不受紫外線損害，更容易曬傷甚至導致演變為皮膚癌，且皮膚白的人容易長斑，出現膚色不均白的不夠乾淨，所以皮膚白的人，更要小心防曬。

防曬是為了健康：防曬防的是紫外線，過量的紫外線對身體帶來的負面影響在前面已經分享過，對肌膚的健康也是可以防護到，在所有可

見的老化現象中，因日曬所引起的老化佔九十五％，而非是在換季秋冬皮膚變的乾燥缺水，不小心就出現細紋才是老化，不分季節時時刻刻，悄悄地無聲無息一點一滴在發生。相較幾項影響老化的因素基因、賀爾蒙、環境污染等，日曬是引起肌膚老化的最大因素，卻是自己可以輕易掌握的，如果可以選擇老的慢一點，何不現在就養成習慣呢？

沒有要美白，黑肉底是不是可以不做防曬？ 防曬不是美白的專利，防曬也不只是因為怕曬黑，主要目的是要防護紫外線中不同波長光能對身體帶來的損害，防曬是為了維持健康、防皮膚曬傷、延緩老化，無論男女老少都應該做好防曬工作，其次是讓肌膚不變黑，進而達到美白的效果。黑肉底的人將皮膚保養好、做好防曬也可以擁有好膚質，讓肌膚水嫩有光澤！

臭氧層持續消耗，紫外線大量入侵我們的生活，隨著光線散射和折射作用，紫外線無所不在，不論冬天、夏天，晴天、雨天，室內、室外，通通不可失去警覺心，看看許多皮膚科醫師平時包的多緊密，就知道紫外線有多可怕，防曬有多重要，紫外線確實是皮膚的殺手！

除了變黑、斑點變深更明顯這些立即的反應，紫外線帶來的傷害是累積的，每次日曬慢慢累加，老化提早報到，中年之後出現皺紋、鬆弛、曬斑、老人斑，凡曬過必留下痕跡，曾日曬過的部位日漸現形。

這一生的紫外線銀行，你定存了多少？累積了多少紫外線？經過時間累積，利息是黑色素加倍奉還給你，從現在開始好好精打細算經

營管理這個帳戶吧！

　　醫學研究中，人的一生中接觸的紫外線總量的八十％早在十八歲以前就達成，接著出社會以後伴隨著自然及外在因素影響而老化，外在因素主要就是來自紫外線的傷害，誰都不想老的快，及早開始養成防曬習慣，還可以維護皮膚和身體健康，何樂而不為？而嬰幼兒及孩童的皮膚需要由家長細心防護，美國皮膚科醫學會也提出「防曬應從孩童時期就開始」，若從小接觸太多紫外線，可能導致成年後皮膚提早老化、長黑斑雀斑，甚至導致提高皮膚癌的發生率，從小就要養成使用防曬乳、衣物遮蔽及不過度曝曬的習慣。

　　姑且不論皮膚黑白美醜，也許你並不在乎曬黑，但是紫外線帶來的皮膚傷害不是只有變黑，還有伴隨而來的光老化問題，我不怕黑，但我不想皮膚乾燥缺水沒有彈性甚至皺紋提早出現！不管你想不想美白，為了肌膚的健康和水嫩彈性保住青春，防護紫外線不過量曝曬，誰都不想數十年後才在感嘆青春短暫，花著大把鈔票拯救這些年累積的懶惰成果，學會正確防曬我越來越健康，一年比一年年輕，十年後你一定會感謝我的！

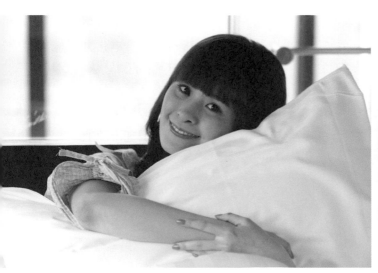

化學性防曬：防曬乳

　　依照防曬成份的作用原理可分為物理性防曬及化學性防曬，但是市售較少純的物理性或化學性的防曬，多是物理混合化學綜合，各有優缺點。

　　物理性防曬的作用原理是在肌膚形成保護膜，透過折射紫外線來達到防曬效果，不需經過皮膚吸收後作用，較不會引起肌膚刺激，常見的物理性防曬成份有二氧化鈦（Titanium dioxide，TiO2）、氧化鋅（Zinc Oxide，ZnO），適合孩童、雷射後肌膚修護、敏感狀態下使用，不易引起過敏較安全，缺點是質地厚重、難推勻、用多皮膚會泛白、較悶有黏膩感。

　　物理性防曬較油膩是大家對它的刻板印象，許多人不喜歡用防曬乳是怕身上有一層東西，怕太油或太乾，物理性防曬其實也沒有比較滋潤，高係數的物理性防曬因為有添加高濃度的二氧化鈦（Titanium dioxide, TiO2）吸水吸油的特性反而讓皮膚更乾燥。

　　化學性防曬的作用原理是利用防曬成份吸收紫外線後轉換成熱能散失，減少紫外線對皮膚的傷害來達到防曬的效果，常見的化學性防曬成分有 Octyl methoxycinnamate（OMC）、Octyl dimethyl PABA〈Padimate-O〉、Parsol 1789 等。由於需透過皮膚吸收來作用，較易引起皮膚刺激反應，一般較不建議肌膚脆弱狀態或孩童使用，優點是質地清爽好推不厚重。

　　防曬乳經過多年來不斷研發改良後，改善化學性防曬附著力差、易流失，以及物理性防曬泛白難推勻、黏膩易悶的特質，現在市面上大多為物理、化學合併的防曬，取兩者的優點缺點截長補短，對紫外

線吸收力更強，穩定性及安全性更是提高，克服防曬成份安定性的難度，做成清爽質地，研發出粒子較小透明度提升不泛白，可防護的紫外線波段更廣，可有效對抗 UVA 和 UVB。

防曬要擦多少才有效？阻隔 UVA 的防護效果影響最大的就是防曬乳的塗抹厚度，也是有效防曬的三大關鍵之一，一定要使用足量的防曬，標準用量為 $2mg/cm2$，也就是每平方公分使用 2 毫克，才能達到防曬乳所標示的係數的效果，曾有研究顯示一般人使用防曬乳平均的量約 0.5-$1.25mg/cm2$，即使是使用高係數的防曬，塗太薄仍不及實際防曬係數可達到預期的效果。

　　一般人常常會因為怕防曬乳太油膩或是悶，便自行減少用量，或是用隔離霜、BB 霜想要薄透的潤色感，用量都會不足，防曬乳的用量很難計算，根據每次外出穿不同的服裝露出來的體表面積大小不同、外出的頻率和時間長短補擦的次數都有影響，以我來說是每個禮拜用完一到兩瓶的 30ML 的防曬乳。

補防曬：防曬依照其防曬係數都有有效時限，最好每兩小時要補擦一次，臉部的防曬要用吸油面紙輕壓吸掉臉上的油，再補擦上防曬乳液，如果有上妝，可以用吸油面紙先吸油，再用乾淨粉撲推開殘妝，再全臉上一層有防曬係數的粉餅，化妝除了粉餅有防曬係數外，在臉上也會形成物理性的防曬擋住肌膚免受紫外線傷害。防水的防曬也是要補，

POINT　『白白的小祕密』
　　　──有效防曬三大關鍵

選擇適當的防曬、正確使用量、勤補擦

跟一般的防曬一樣也是兩小時要補一次。此外下水過後每次上岸、有
大量流汗、有用毛巾擦拭防曬效果會大打折扣，最好可以再補一次。

防曬乳要在出門前二十分鐘使用才有效？多年來我們都是被教導防曬
乳是要在出門前十五到二十分鐘擦上才有效，其實防曬只要擦上去就
有效，過去的防曬乳質地濃稠，要擦的均勻分布才有效用，但是現在
的防曬乳質地都偏液狀，附著力比過去的防曬乳好很多。雖然防曬擦
就有效，但會有效果優劣的不同，若是易流汗的人在戶外很熱汗水直
流，防曬乳難以附著，就算附著了，在汗如雨下的狀態下，很快就將
防曬乳「沖洗」掉，防曬效果可想而知大打折扣，易流汗的人建議可
以提早十分鐘在室內陰涼處塗抹抗汗效果的防曬乳，防水、抗汗訴求
的防曬乳因為配方及使用者易出汗的關係，提早擦是必要的，使防水
膜完全附著，因此提早在出門前擦效果會更好。

正確的防曬乳塗法：塗抹均勻提高防曬乳的附著力才能有效防曬，很多人會將防曬乳擠在手心，用手來回塗抹，正確的塗法以手臂來說，將防曬乳在手臂上擠成一條線，依照每個人手臂粗細不同和防曬乳本身設計開口大小會有粗線細線，我通常會擠二、三條，接著另一隻手以單一方向塗抹均勻，避免來回塗抹，這樣一來防曬就可以均勻分布附著在皮膚上了。搖動時有小球在防曬乳瓶中答答響的防曬乳，多是有添加物理性防曬粉末如二氧化鈦、氧化鋅，擦之前別忘了搖勻後再使用喔！

防曬乳開封超過三個月就無效？防曬乳只要在保存期限內都是有效，放久了防曬力也不會下降。但有可能會產生物理變化，出現乳化、油水分離的情況，事實上只要味道不變，搖一搖還是可以繼續使用。是不是今年新款也不會影響防曬效果，沒有一定要買新款，別被化妝品廠商的行銷牽著鼻子走。

為什麼我還是曬黑？很多人以為擦了防曬就有了防護罩，可以肆無忌憚在陽光下曝曬，正確的防曬除了要擦足量的防曬外，還需要補擦，而擦防曬乳只是防禦紫外線其中一道步驟，還是要搭配傘、長袖衣物、寬邊帽及太陽眼鏡等實體遮蔽物層層保護才能達到最佳的防曬效果。

　　當已經擦了防曬還變黑，可能要注意是否在秋冬季、陰天、室內小看了 UVA 的威力，UVA 可以穿透過玻璃和建築物，對肌膚產生累積

漸進不可逆的老化傷害，預防曬黑阻斷 UVA 的 PA 級數是針對 UVA-2 做防護，波長更長的 UVA-1 難以防護，要有效防護 UVA-1 需要使用衣物遮蔽，且目前防曬乳無法完全阻斷自由基傷害，勿過度依賴防曬乳。

防曬要從小開始做起：研究發現曾經在童年時有曬傷病史的人會增加日後羅患皮膚癌的機率。因此如果從孩子六個月大到青春期這段期間中開始使用防曬乳，日後受陽光傷害甚至發展為皮膚癌的機會則會大大地減低。雖然孩童的新陳代謝快，很快就可以白回來，但是陽光的傷害是累積且漸進的，影響健康並不只有黑白美醜的主觀問題，從小就要養成不要在紫外線最強的時段出門，不在陽光下曝曬過久，如果必要可以塗抹防曬乳、穿長袖衣褲並戴上帽子。

　　六個月以下的嬰兒避免曝曬在紫外線下，因為他們的肌膚很細嫩，還沒有足夠的黑色素去防禦，且體溫調節中樞尚未成熟，可能體液喪失脫水，不會表達不適，很容易被家長忽略。嬰兒車最好要有良好的

遮蔽或用衣物防曬，而大於 6 個月的嬰兒和兒童除了避免日曬或用衣物防曬外，還需使用防曬乳，家長可選購物理性防曬用品溫和又安全。

市面上的防曬乳種類非常多。現在的防曬乳液已經越研發越清爽，還兼顧保濕效果，早已脫離多年前的防曬「油」的形象，在專櫃、藥妝通路甚至開架式，都可以找到既清爽、安全又有效的防曬乳。

不過我得說真的，我本身也非常不喜歡擦防曬乳，經常沾到衣服很難洗，有些防曬讓皮膚觸感澀澀的，回家還得卸除它，如果可以我非必要絕對不會用，盡可能不增加皮膚負擔，要出門就用衣物包緊緊，非不得已出外工作才會擦防曬乳。

防曬乳並不是萬靈丹，一定要在正確的使用之下才有效，也沒有美白效果，只是事前預防肌膚受損的一個動作，輔助衣物遮蔽外的皮膚免於受到紫外線傷害，最好的防曬效果仍是 A+B+C，根據每個人在意的程度、及預算不同可以自己調整。

物理性防曬

　　想要達到全身膚色一致的狀態，防曬必定要做到滴水不露，我的習慣是只要有露出來的皮膚一定都要塗上防曬乳，有時候懶惰病發作就會乾脆把全身包起來，這就是一種物理性防曬，舉凡看的見的衣物、帽子、雨傘，坊間還有一些防曬袖套、頸圍、口罩等等針對紫外線有研發出特殊的材質。

　　凡是可以遮蓋住身體達到防曬效果的東西我都把它歸類為物理性防曬，是我最推崇防曬方法，優點最多簡單容易取得，便宜甚至平常就有穿著不用多花錢。但致命的缺點是很熱，認識我的人都知道我非常怕熱，連冬天寒流來都可以只穿兩件，稍微動一下就揮汗如雨下，但是我還是全身包起來，寧可熱死也不要變黑，看著我臉上斗大的汗珠和堅定的眼神，人人稱羨的水嫩雪白肌膚就是這樣保養來的！不時還會被路人以異樣眼光關心，這是需要一點時間克服的，外人的眼光比熱到受不了還容易擊敗我們防曬的決心，要不停記住，我在做自己、我在愛護我的肌膚，看到自己皮膚比別人一天比一天好時，一切都感覺很值得！

　　夏天走在路上美腿雲集，細肩帶美胸美背盡收眼底，因為正值青春年華，紫外線還沒有在她們身上留下印記，我很羨慕這些辣妹不怕紫外線，頂多就是膚色較深，我很擔心希望她們有做好防曬，而我在

夏天完全和辣妹扯不上關係，出門我一定是從頭包到腳，逼不得已工作要穿少一些就會塗上厚厚的防曬乳，除了工作之外這樣的機會是少之又少，平時像去採茶一樣該遮的一樣都不少，就算包緊緊也會有露出來的部份，最常見的是臉，再來可能是手、腳背、脖子或耳後，都需要擦上防曬乳補強，防曬才算是徹底萬無一失。

防曬衣物的選擇：你以為只要穿了長袖蓋住皮膚，就可以有效防曬抵擋紫外線的傷害了嗎？只有答對一半，選擇防曬用的衣物可是一點都不能馬虎，衣服的顏色、遮蔽範圍、編織方式、伸展性、材質等都會影響衣服的防曬效果，選錯了紫外線還是可以穿過衣物到達皮膚形成傷害的喔！在辦公室裡準備一件小外套，不但可以在冷氣房裡保暖用，還可以擋住室內大部份的紫外線，防曬保暖兩用的小外套，在選購時請注意以下幾點：

密度：編織緊密、布料越厚，織法空隙小難以透光，紫外線就越無法穿透，防曬效果最好。有趣的是衣服下水洗滌後縮水，防曬的效果還會變更好唷！

遮蓋範圍：長袖當然優於短袖，許多防曬衣服貼心設計袖長較長，可以遮著整個手背，還有方便手指活動可以伸出來的開口；有連帽設計看起來更年輕，覆蓋更大面積的皮膚，戴帽時可以遮住頸後和耳朵這兩個防曬容易遺漏的死角。

濕度：如果衣服濕了防曬力會降低，因為含水量增加後，衣服散射紫

Whitening Queen

外線的能力下降，穿透力還增加，防曬效果當然就會大打折扣，特別是棉質衣物吸水量大更明顯，所以要是流汗了衣服濕了要注意唷！

伸展性：伸展度低的衣服比伸展度高的衣服，防曬功能要來得好。穿著與身體曲線較為密合貼身的衣服，布料本身很容易被撐開，當衣服被過度伸展開時，布料的孔洞會變大，紫外線也更容易穿透，即使同款同色的衣服有撐開和原本的樣子防曬效果就差很多，建議選購衣服時要挑選合適的尺寸，多穿寬鬆、少穿緊身的衣服，防曬效果比較好。

顏色：研究顯示紅色光波波長最長，紅色的衣服防曬效果最好。過去我們以為白色的衣服較不吸熱，比較涼爽，所以防曬效果好，事實上白色的衣服除了把陽光反射出去外，它並不會這麼精準聽話避開我們的臉，大量的紫外線就這樣反射在我們的臉上，反而更傷害皮膚讓臉變得更黑。深色比較吸熱可吸收較多的紫外線，雖然穿起來很熱，但不用擔心反射的問題，防曬效果比淺色更佳。

什麼是 UPF（Ultraviolet Protection Factor）？

澳洲是全球罹患皮膚癌比例最高的地區，因為澳洲人民喜愛日曬，為推廣防曬教育，也特別將防曬織品制定出一套規範，用來檢驗防曬織品抗紫外線的效果，且必須要同時阻斷 UVA、UVB 才算過關。外用

的防曬乳的防曬係數是 SPF，衣物織品類的防曬係數就是 UPF。

　　只要是身上穿的衣物，就有防曬的功能，有人說「穿衣防曬等於塗抹 SPF30」，當然也要看衣服本身的特性而有不同，研究顯示約有 90% 的夏季服裝的 UPF 大於 10，相當於 SPF30 的防曬乳的防曬效果，對於多從事一般室內活動的人事實上已經足夠。如果防曬的目的是要美白的話，可能就要選擇 UPF 更高更多防護的衣物。標榜為防曬衣的 UPF 必須大於 15，且有防曬效果的衣物，都會標有 UV-CUT 及 UPF 值。

UPF係數	保護程度	紫外線阻斷力
15到30	良好保護	90.0%到96.6%
30到50	高度保護	96.7%到97.8%
50+	極度保護	15分鐘內>98%

UPF 的防護值為 15 到 50+，UPF 係數超過 50 則以 UPF 50+ 表示

　　由表格中可得知 UPF 值越高，布料保護肌膚能力越強。如果防曬衣物的 UPF 值是 40，受到紫外線照射的量是沒有防護時的 1/40，如果你的皮膚日曬十分鐘會被曬傷，UPF15 即表示穿上後約可以 150 分鐘內不被曬傷。UPF15 已能阻斷 90% 左右的紫外線，UPF30 到 50 可阻

斷 97%，由於 UPF 值越高，可承受曝曬時間也越長，一般建議從事戶外活動可選擇 UPF30 以上的防曬衣。

為什麼穿的防曬比擦的更令人安心？一般防曬乳的效果往往不及它所標示的係數，經常需要補擦，還要考慮防曬附著力好不好，而防曬衣物的防曬效果不會因使用情形而改變，UPF 防曬可信度高，對肌膚也不造成負擔。

防曬織品的材質：雖然大部份的衣服都有防曬功能，但是越厚越緊密的織法讓悶熱的夏天更是痛苦加倍，有些價格較便宜的防曬衣物是在製作過成中添加紫外線吸收劑，多次水洗後就漸漸失效，選購上要特別注意。平時我出門的防曬衣物都是用 UV100，購買很方便在網路就可以買到，他們有高科技的織品技術，讓防曬衣料又輕又薄又透氣，增加了隔熱效果提升夏天防曬的舒適度，有各種款式可選擇，還兼顧了美觀和時尚，是嚴密防曬者的一大福音，不管是女裝、男裝、夾克、帽子、外套、傘、口罩、袖套甚至是太陽眼鏡等都很齊全。

帽子的選擇：帽子材質的部份可選擇有抗 UV 成分加工處理過的防曬織品，材質會比一般的更輕薄透氣。款式的選擇帽沿一定要夠大，寬度至少要超過十公分以上，遮陽面積才會大。

陽傘的選擇：炎炎夏日大白天一片傘海，愛美女性人手一把陽傘，你的傘真的抗 UV 嗎？

抗 UV 傘幾乎已經和有塗銀膠劃上等號，銀膠可以阻擋及反射紫外線，坊間有許多便宜的號稱有抗 UV 的傘，打開來卻只是一片很薄的銀色布，多淋幾次雨、曬幾次太陽就變更淡，防曬效果實在有限。

有塗銀膠的傘布：越不透光的傘，紫外線也越不容易穿透，選購時要將陽傘撐開來站在陽光下，傘布越遮光防曬效果越好，厚厚的銀膠防曬效果最好，一撐開立刻會像是在陰影下，溫度馬上變低感覺更涼爽。銀膠在內面、外面哪個效果好？說法眾說紛紜，我偏好銀膠在傘面外，直接將紫外線阻斷。

晴雨兩用傘：每天出門的包包已經夠重了，不可能帶兩把傘，過去的抗 UV 傘只能當陽傘不可當雨傘用，防曬效果會被洗掉，現在技術進步防曬成分都編織在傘布裡，都可以晴雨兩用不怕淋雨，而且傘布也越做越輕薄，價位普遍較高，夠薄但會透光，雖然檢驗出防曬效果好，用起來會有些不安心，塗銀膠的傘也可晴雨兩用，遮光力更好更安心。

深色系尤佳：顏色的選擇和衣物一樣，是紅色防曬效果最好，紅色的傘不那麼好找也可以選深色系的防曬效果也很好。

傘面大：傘面越大遮蔽範圍越多，而傘只是一層局部保護，紫外線不

是只來自頭頂上的陽光，想要達到最嚴密的防曬效果，加上其他的防曬衣物和防曬乳層層把關樣樣不可少。

　　銀膠的品質會影響防曬效果，勿貪便宜，依照經常撐開收起的使用頻率，傘布容易被傘骨架磨損，有一點變薄甚至會破掉就失去防曬的效果，因此買傘時也要注意店家的售後服務可以維修。通常一把傘我不會用超過三個月，每天包包裡一定會放一把傘，不但忽然下雨不怕變成落湯雞，還能隨時做一層紫外線防護。

太陽眼鏡的選擇：紫外線是不可見光，對人體的傷害是無形累積漸進的，曝曬時間過長會造成角膜發炎、白內障與視網膜黃斑退化，嚴重甚至會有可能失明，尤其在戶外、海邊、雪地、登山都有強烈紫外線反射，因此我們的眼睛也需要小心防禦紫外線，選擇一付好的太陽眼鏡保護眼睛不受陽光直接照射，確保靈魂之窗的健康。

標示清楚：選購時注意標示是否可以有效防護 UVA 及 UVB，會貼上「UV400」的貼紙，「UV400」表示可以過濾波長 400nm 以下的紫外線，幾乎所有的 UVA、UVB 波長都在 400nm 以內，已足夠日常生活中的防護。

大鏡片尤佳：剛好近年來很流行大鏡框的太陽眼鏡，鏡片越大遮蔽範圍越大越安全，眼睛周圍蓋住也可以防曬臉部眼周肌膚，以睫毛不要碰到鏡片為原則，鏡片越靠近臉部皮膚最好，更能有效阻斷紫外線，鏡框側邊以粗框效果最好，包覆範圍大遮擋各角度四面八方來的紫外線從側面侵害眼睛。

鏡片的顏色：鏡片的顏色和抗紫外線的效果關係不大，不是有顏色的

鏡片就可以防止紫外線，鏡片的顏色不是越深越好，深色鏡片可以遮蔽強光，淺色鏡片遮光效果差，但是視線會比較清楚，主要是有標示的合格鏡片，不管顏色深淺都有防紫外線的效果，以配戴需求選擇較合適舒適不影響視線的顏色最重要，一般是不建議選擇藍色鏡片，會造成視網膜黃斑病變。

太陽眼鏡不但可以保護眼睛免於紫外線傷害，還可以讓眼周不要被曬黑變成色素沉澱的黑眼圈，選擇好看的款式更是時尚加分，安全又美觀，有戴隱形眼鏡的朋友,也可以戴無度數的太陽眼鏡防紫外線和風沙，還可遮蓋滿臉倦容實在非常實用！

窗簾：平時白天在家裡窗簾一定都會放下來，不開燈的房間裡只剩下電腦的螢幕的亮光，我是還沒有瘋狂到一定要用完全不透光的窗簾，一般日常的微量紫外線我可以接受，普通窗簾對我來說已經足夠，若是要求更高的人可以選擇完全不透光的防光窗簾布，百葉窗遮光效果好也是不錯的選擇。

汽車隔熱紙：開車也要注意防曬，經常開車沒做好防曬容易使左臉比右臉更黑，選擇極佳的紫外線阻隔（99％）及隔熱效果的隔熱紙，在夏日高溫中防曬又降溫，顏色的選擇則要考量會不會太深影響行車的視線，即使在採光良好的室內或在大太陽底下開車，皮膚一樣受到紫外線傷害，還是要使用防曬乳、穿長袖或使用窗簾來遮擋陽光。徹底的防曬就是要這樣層層保護才可以達到滴水不漏的境界！

Whitening Queen

防曬的選擇

　　正確使用防曬乳在防曬中扮演很重要的角色，可是防曬乳掛滿了美妝店的架子，琳瑯滿目看得讓人眼花撩亂，根本不知道從何下手，選擇防曬乳的第一步就是要了解防曬乳上的標示 SPF 及 PA。

　　SPF（Sun Protection Factor）防曬係數，是用來標示可對抗 UVB 的防護時間有多長，UVB 會讓皮膚曬紅、曬傷嚴重會引起皮膚癌，舉例來說： 如果一個人在等量的紫外線曝曬下約十分鐘出現曬紅現象，使用 SPF 15 的防曬乳則會延為一百五十分鐘（10x15=150）， 也就是與沒使用防曬乳相比，可延長皮膚曬紅曬傷時間的指數。台灣衛生署有規定市售防曬產品的防曬係數，最高以 SPF 50 為限，高於 SPF 50 則標示為「SPF50+」。

　　根據時間季節、所處環境、個人皮膚易曬傷的狀況來決定。一般日常室內工作者會建議選擇至少 SPF 15，戶外活動可以使用 SPF 30 到50。

　　PA（Protection Grade of UVA）是用來標示防護 UVA 的效果，目前仍未和 SPF 一樣有國際公認標準，歐美喜愛小麥黝黑膚色，較重視 SPF 值可對抗 UVB 避免曬傷，PA 是由日本厚生省所公布的，UVA 對肌膚傷害可深達真皮層，會使肌膚曬黑、提早老化及可能發生皮膚癌。

『白白的小祕密』
——PA 防護 UVA 的程度

PA 防護 UVA 的程度可分為 PA+、PA++ 及 PA+++ 三級，+ 越多表示防護指數越高。

PA+ 延長被曬黑時間二到四倍

PA++ 延長被曬黑時間四到八倍

PA+++ 延長被曬黑時間約八倍以上

SPF 越高是不是防曬效果越好？

SPF 是指防護 UVB 的時間長短和遮蔽率，大家在意防曬黑是要看 PA 的級數，才能有效防護 UVA 預防曬黑。防曬係數並非越高越好，一般日常室內使用選擇 SPF 15 已足夠，SPF 15 的產品就可以遮蔽 93.3% 的 UVB。

『白白的小祕密』
——SPF 遮蔽率算法

（SPF-1）/SPFx100%= 遮蔽率（%）

舉例來說：SPF 15 遮蔽率是 14/15x100%=93.3%

SPF 30 遮蔽率是 29/30x100%=96.6%

由此可知 SPF 的遮蔽率 96.6% 和 SPF 15 的遮蔽率 93.3% 差不多，SPF 30 防護 UVB 效果不是 SPF 15 的兩倍。當然也有另一種說法，是 SPF 30 會有 3.4% 的紫外線穿透，SPF 15 會有 6.7% 的紫外線穿透，似乎影響有兩倍之多。

紫外線會隨著曝曬時間漸漸累積傷害程度，UVB 也不例外，高係數的防曬也許有存在的必要性，但不是用來給懶人偷懶方便，防曬每兩小時還是要補一次，平時正確使用防曬就可以足夠應付，不可否認係數越高遮蔽率越高，但是防曬係數越高對皮膚負擔越大，容易阻塞毛孔導致粉刺痘痘，伴隨而來的肌膚問題也必須考量，選擇剛剛好的係數才能提供肌膚最適當的保護。

隔離霜可以取代防曬乳嗎？防曬係數足夠的話當然可以，和防曬乳一樣每兩小時需要補擦一次，一般我會傾向選擇沒有潤色效果的隔離霜，因為除了係數夠、要補擦才能有效防曬外，用量也是一個重點，如果隔離霜有潤色效果時，在足量有效防曬狀態下，勢必用量很大臉會白的很不自然，同理 BB 霜也是，難兼顧防曬又要潤色輕薄。

防水防曬乳：從事水上活動更要小心防曬，除了陽光還有水面反射從四面八方的紫外線，選擇防曬的部份要注意防水標示，Waterproof 高防水防曬乳，在水中有八十分鐘防水效果。Water resistant 抗水防曬乳，在水中有四十分鐘防水效果，適合短時間戲水的人。不管係數多高，防水的防曬還是要最少兩小補一次，有下水、大量出汗更要定時補擦唷！

添加保養成分的防曬品：保養成份添加在防曬中，使用起來方便又簡單，防曬又可以護膚一舉兩得，聽起來頗令人心動。但是防曬成份要

越單純簡單越好，太多成份加入安定性也要顧及，且防曬濃度相對會降低，添加抗氧化、舒緩的成份固然很貼心，避免紫外線傷害，使肌膚提早老化、減低刺激抗敏感，如果是添加美白成份勢必要深入基底層才能有效發揮作用，防曬的作用則在肌膚表面，該如何分配吸收呢？真的會事半功倍嗎？相信分開用效果會更好也更安全。

累了一整天拋開惱人的工作壓力，白天徹底防曬預防曬黑，日夜接力繼續美白工作，晚上更是不能馬虎，夜晚的首要任務是清潔和修護。

防曬乳怎麼卸除？一般的防曬乳不需要特別卸除，洗澡時用沐浴乳即可清潔，若明顯感覺沐浴乳起泡量變少，很可能是防曬乳殘留，此時就需要額外使用卸除防曬的清潔用品。專櫃只要是有標榜超防水的防曬幾乎都會出專門的卸除用品，預算不夠多用量又兇可以考慮用開架式的卸妝油，價格便宜又可以卸得一乾二淨，防曬一定要卸乾淨讓皮膚減輕負擔，讓下一次防曬更好附著於皮膚，防曬效果更好。

Take
a
Bath

Whitening 3
美白密集班

洗澡囉！美麗的沐浴時光！

美麗的沐浴時光

身體去角質

角質層是由不斷增生的基底細胞老化死亡堆疊而成，是人體對外的第一道防線，有保護功能免於外界刺激。表皮基底層黑色素活躍，隨著角質細胞向上分化，將黑色素帶到表皮層，當肌膚受老化、壓力、季節及環境等內外在因素影響，新

陳代謝逐漸變慢，老廢角質無法順利脫落時，肌膚就看起來灰暗使膚色變得暗沉，角質層排列紊亂，肉眼看的到粗糙、暗黃、失去光澤，保護的功能沒有增加，反而使皮膚的保水能力變差。

一般來說正常人健康的皮膚，老廢角質會自然代謝，日常生活中包含洗臉、毛巾擦臉、面紙擦汗、用化妝棉擦拭化妝水，這些動作都會讓肌膚表皮的角質脫落，正常情況下不需要刻意藉由外力去除，人為去角質無法控制力道和深度，過度去角質將有保護作用的角質都去除，使皮膚容易敏感，反覆去除應

有的保護，反而使皮膚提早老化，所以皮膚科醫師也反對「過度去角質」這個動作，肌膚代謝週期一般是二十八天，從生成到死亡往上成為肌膚最外層的老廢角質自行剝落所需的週期，並非每個人都適用於二十八天的週期，根據每個人生活習慣、保養、作息、外界壓力不同，許多年輕人新陳代謝很慢，保養得當有些熟齡大姐姐代謝還比年輕人好。

　　於是我們利用去角質的方式將表皮層的角質變薄，瞬間肌膚就會變得明亮，在去角質頻率上依個人膚況、部位及季節而定，通常建議臉部兩週一次，身體一週一次，乾燥及敏感肌膚週期要長一點；天冷時肌膚角質代謝慢，角質堆積太厚會影響保養品吸收，可以縮短週期；夏天日曬前後我會減低去角質的頻率，避免過度去角質外來的屏障受損無法抵抗日曬，曬紅肌膚在發炎狀態不適合過度刺激；如果平常有使用沐浴海綿、沐浴巾來輔助洗澡，每天搓揉清洗身體的同時，身體老廢角質都會脫落，可以減低刻意去角質的頻率。簡單的說，「適度去角質」不把去角質當「例行」工作，不是時間到了就要做，而是要觀察自己的肌膚狀況，根據肌膚的需要，一週幾次只是供參考。去角質的方法有很多，有物理性的像磨砂膏、微晶磨皮，或化學性的果酸、水楊酸、Ａ醇成份的保養品，都有去角質的效果。

　　單靠去角質美白效果並不持久，角質細胞向上堆積，深層的黑色素還是存在，美白還是要靠還原、清除黑色素才是治根，去角質只是美白的輔助方法之一，非絕對必要，強力去角質容易傷害肌膚，將好

壞角質一併去除，還會引起肌膚脆弱、乾癢、發紅及敏感，此時要暫停去角質的動作並減少頻率。

市面上去角質產品有不同的質地及使用方法，常見的有泥狀裡面有含磨砂顆粒或柔珠，需要乾燥時搓揉使用的凝膠以及天天可以用的擦拭去角質化妝水。看個人的習慣使用，我個人身體去角質偏好用磨砂膏，顆粒大小適中，圓滑不粗糙，按摩不會刮傷皮膚最好，或是日常洗澡可以使用特殊材質的沐浴巾都是簡單方便的去角質方法。

去角質的步驟

STEP1

先將頭髮洗過，塗上厚厚的護髮霜，戴上護髮浴帽。

STEP2

清潔身體，連身上的防曬都要卸除乾淨。

STEP3

全身皮膚在濕的狀態下，將去角質霜敷一層在身上，開始畫大圓、小圓按摩搓揉，力道以自己舒適不會痛為宜，角質容易堆積部份可加強按摩，如：腳底、腳後跟、腳趾穿鞋容易摩擦處、手肘關節處、膝蓋、大腿內側、臀下及容易毛孔角化症的上臂後側和小腿正前側等。

STEP4

用水沖洗即可，不需要再用沐浴乳洗一次。

STEP5

身體半乾在浴室就塗上身體乳液。

『白白的小祕密』
——不宜去角質的情況

- 果酸、A 醇或水楊酸的使用者，因為這些藥品都有讓老化角質剝除的功能。
- 乾性、敏感膚質、容易長粉刺、面皰嚴重及酒糟膚質。
- 皮膚過敏、紅腫、乾癬正在發炎或是有傷口的狀況。
- 剛做完果酸換膚及雷射。

　　去峇里島度假一定要搬幾箱回來的 Lulur Spa 身體去角質霜，有好幾種香味可以選，有字薺、諾麗果、牛奶、蜂蜜、木瓜、玫瑰等，用起來的差別只有香味不同，雖然罐裝用起來很不方便，經常手濕濕粗魯挖取，怕水氣跑進去有變質的疑慮，好險它實在太便宜了，用起來完全不手軟，我家三姐妹一個月不到就可以用完一罐，每次都塗滿全身，敷個兩三分鐘後加點水開始全身畫小圓按摩，大小剛剛好的磨砂顆粒多按摩一下也不會有受傷的情形，是一罐 C/P 值極高的身體去角質霜。「適度去角質」對肌膚有幫助，在保養效率也會更提升，過度則會讓肌膚失去健康的屏障，過與不及都是壞處，適當拿捏去角質的頻率可以讓肌膚更美更健康，且每次去完角質皮膚都會很光滑柔嫩，趁這個時候毫不手軟塗上大量身體乳液，按摩不一會兒肌膚馬上就吸收完畢，白泡泡水嫩透亮的嬰兒肌就此誕生了！

牛奶浴

喝牛奶可以補充營養好處多多，牛奶含有人體生長發育所必需要的氨基酸、豐富的礦物質及多種維生素，特別是骨骼中不可缺少的鈣質和維生素 D，在睡前喝一杯溫熱的牛奶也有助放鬆安穩入睡唷！

除了喝還可以拿來泡澡！阿白很喜歡喝鮮奶，有時候冬天或是常外出工作不在家經常有喝不完的剩鮮奶，過期不敢喝倒掉又覺得非常可惜，拿來泡澡來完全就創造了它的新價值，潤澤嫩膚效果超好！

　　由於牛奶有滋潤皮膚使肌膚光滑的特性，古今中外有不少絕世美女都喜歡用牛奶護膚，傳說古代楊貴妃喜愛在華清池泡牛奶浴，埃及豔后更是以酸奶來洗澡護膚，牛奶可以防止皮膚乾燥，維他命 B 群促進肌膚的新陳代謝，提升肌膚免疫力，還可以補充水份讓皮膚水嫩光滑預防粗糙，據說牛奶中的乳清對黑色素有消除作用，抑制黑色素形成，加上豐富的蛋白質、氨基酸等等提供極佳的修護效果，而且牛奶香味可以安定自律神經，暖暖泡澡幫助身心放鬆好入眠。

鮮奶全脂、低脂護膚效果一樣嗎？我認為不會差太多，泡牛奶浴主要是因為它的天然乳酸，乳酸有助肌膚新陳代謝軟化角質，脂肪多寡和滋養度比較相關，和乳酸含量比較沒有關係，如果想要滋潤一點點可以選全脂的，若是平時拿來調中藥面膜我會比較推薦全脂的，可以減低乾燥的問題。為什麼要用過期的牛奶呢？過期的鮮奶產生天然的乳酸屬於果酸的一種，可以軟化角質加上脂肪有滋潤效果，同理優格富含乳鐵蛋白、胺基酸，保濕效果好，其中的乳酸也能夠幫助代謝角質，如果手邊有不想吃的原味無糖優格也很適合拿來敷臉或身體。

過期幾天效果最好呢？為了保障消費者食用安全，食品標示保存期限多半比較保守，不會時間一到就腐壞，通常過期一天我就不敢喝，就會刻意放五到八天後拿來泡澡，這幾天還不會發臭泡起來效果最好。另外還要考量每個人家裡冰箱的保冷度會有所不同，建議大家可以在家自己觀察看看合適的過期天數，若是不放心也可以直接用原味無糖的優格或優酪乳來泡，只是有點浪費食物我不太推薦！

提醒大家：過期牛奶有結塊現象表示蛋白質已經變質，可能有細菌滋生引發不必要的感染，可能丟掉不要泡會比較好喔！護膚品很多，泡澡劑也便宜，沒有一定要用食物來做，世界上還有很多人沒有足夠食物而飢餓，若家中有剩的過期鮮乳才拿來泡廢物利用比較不會有浪費食物的疑慮唷！

鮮奶和奶粉哪一種泡澡美膚效果好呢？阿白都嘗試過，奶粉製作過成經過乾燥較無乳酸菌也不滋養，潤膚的效果不及鮮奶好，其中過期鮮奶的效果最好，其次是奶粉再來才是保存期限內的鮮奶，請別再用保存期限內的鮮奶泡了，效果不明顯又浪費食物，鮮奶是好東西，女人要趁年輕多喝多運動存點骨本唷！

牛奶浴 DIY

鮮奶的量我沒有一定，因為每次喝剩下鮮奶的量不太一定，不過大概小小盒裝鮮奶一瓶，或視浴缸大小一般最多四五百 CC 就足夠，要是家裡有其他的化妝水或乳液剩一點點用不完也可以倒進來，維他命 E 加進來很適合冬天比較乾燥的天氣，滋潤度極好！目前試過效果最棒最適合的泡澡是珍珠粉，大約加 3 到 5g，美白效果加乘，保證皮膚又細又白又滑！

泡牛奶浴嚕

● STEP 1

將頭髮及身體洗淨後開始放浴缸的水，水溫不需要太熱，大概是比體溫高一點點差不多攝氏三十七到四十度就可以。

● STEP 2

畢竟稀釋過的鮮奶有點可惜，可以站在浴缸裡把鮮奶倒在身上塗滿全身，滴下的鮮奶則流進浴缸等一下還可以泡，一點都不浪費！

● STEP 3

敷鮮奶大概五到十分鐘，可以把握時間刷牙洗臉。

● STEP 4

可以下水泡牛奶浴了！大概浸泡約二十分鐘還可以順便敷個臉，浴缸的水深不宜超過心臟，或是可以試「半身浴」水深及腰，冬天怕冷可以準備小臉盆隨時舀水來沖身體。

● STEP 5

輕拍身體上的牛奶到吸收，不需要再洗一次澡了唷！（請記得慢慢起身避免姿位性低血壓頭暈或滑倒，請小心安全！）泡完皮膚滑嫩白皙，不會有味道，滑溜溜會忍不住想多摸幾下，剩下浴缸的水也別浪費可以拿來沖馬桶唷！

敷體 DIY 美白小配方

　　洗澡時全身血液循環通暢是護膚的最佳時機，把握沐浴時光做身體美白，DIY 的體膜經濟實惠又效果好唷！！厭倦了熱呼呼的泡澡，夏天你千萬不能錯過美白敷體膜！

海藻纖體美白泥： 海藻粉有多種海洋的微量元素，老化乾燥、敏感性膚質都可以使用，能提高肌膚保水度，平衡油脂分泌，緊緻肌膚增加彈性，SPA 美容師還會用來增進脂肪代謝、消水腫。人蔘、甘草根、薏仁萃取液抗敏、美白效果佳，結合起來就是簡單的纖體美白泥，一週可以敷兩次。

材料： 海藻粉 50ml+ 純水 30ml+ 甘油 5ml+ 甘草根萃取液 3ml+ 人參萃取液 3ml+ 薏仁萃取液 3ml

使用方法： 將配方攪拌均勻後均勻塗抹在全身，質地很細緻，這配方是會乾燥的體膜，若不喜歡可以多加一點甘油，建議包上保鮮膜協助排汗和吸收效果更棒！

美白敷體泥： 這個體膜很溫和不乾燥，敷完肌膚觸感超細緻平滑，高嶺土有清潔效果身體一週用一次就可以。

材料： 高嶺土 50ml+ 甘油 5ml+ 傳明酸 2ml+ 水 30ml，甘油超過 10% 會較黏膩，怕高嶺土會吸油怕太乾可以多加一點。

使用方法：將配方攪拌均勻後均勻塗抹在全身，大約十五分鐘後洗淨就可以了，配方可以依喜好酌量增減甘油和水的比例。

漢方人參甘草根水晶體膜：人參萃取液有促進代謝緊緻美白效果，甘草根萃取液顏色偏黃可以舒敏美白，甘油分子很小很容易吸收是不錯的保濕劑。

材料：蒸餾水 70ml + 凝膠形成劑 5ml+ 傳明酸 3g+ 人蔘萃取液 5ml+ 甘草根萃取液 3ml+ 甘油 5ml

使用方法：凝膠攪拌形成需要一點時間，完全是果凍狀可以放在冰箱用兩三天，可以當果凍面膜敷二十分鐘後水洗，也可以來當身體保溼凝露不水洗效果更好！

　　以上幾款敷身體的美白泥都是在洗完澡清潔過後敷，敷完不需要再用沐浴乳或香皂再洗一遍，可以把握敷體的時間塗上護髮霜戴上護髮帽還可以刷個牙，然後就可以沖洗掉了。

傳明酸保濕敷面膜：傳明酸有效抑制酪胺酸酶的活性，減緩黑色素的形成。

成份：玻尿酸化妝水 20ML+ 傳明酸 0.2g

使用方法：善用手邊現有保養品平時用的保濕化妝水 20ML 加上傳明酸 0.2g 攪拌均勻後可用化妝棉濕敷全臉和在意暗沉部位，去角質後敷效果更好，保濕水嫩又美白！

洗澡後的保養

　　洗澡後大家都會做臉部保養，有持續擦身體乳液習慣的女生並不多，大部份的人都是在秋冬季節皮膚較乾燥時才有塗抹，事實上身體的皮膚比我們臉部的代謝更慢，更需要保養，等已經乾到脫皮裂開就為時已晚，要維持肌膚最佳狀態，將保溼做好是最基本的。

　　我全年無休擦身體乳液至今已經超過十年，膚質狀況非常穩定很少乾裂，美白狂熱阿白幾乎用過市面上從開架、藥妝到專櫃所有的美白身體乳液，甚至不惜血本將擦臉的美白乳液用在身體上，效果更是明顯。其實乳液不一定要選擇有強調美白效果的，通常只要讓肌膚保濕夠水嫩，皮膚都會亮上一號，就像是平時有在保養的人，沒有刻意美白一般也不會太黑。

　　身體要美白到和臉的肌膚零色差本來就不太容易，因為臉部肌膚血液循環好會偏紅，身體偏黃，色調本來就不一樣，我們可以盡可能去平衡。多年來我努力身體美白，忽略了臉部，從來不補擦臉部防曬的我，臉和背反而是我全身最黑的地方了，大部份的女性只注重臉部的保養，頸部以下的保養都忽略，除非平常都包著沒有露出來，不然通常身體皮膚的質感都不及臉部。

擦身體乳液最佳時機

在洗完澡後，在浴室將身體擦半乾，皮膚在微溼的狀態擦上乳液，濕潤保水效果更好。幾款美白身體乳液使用心得分享，而我選購的原則是以開架式為主，身體乳液每天用，一罐用不到一個月，用量很大也傷，要持之以恆使用當然要顧及荷包的心情呀！

CLIVEN 香草森林奇異果美白身體乳液

滋潤度：　★★☆☆☆

嫩白度：　★★★★★

味道是我很喜歡的清新果香，質地是較稀的乳液，非常清爽好吸收，完全不黏膩美白效果卓越，用完半瓶不到一個月就感覺自己變亮了，極乾肌、一般肌膚冬天用或在冷氣房裡保濕都不夠力，可能需要多擦另一瓶乳液加強滋潤。

NIVEA 妮維雅嫩白潤膚乳液

滋潤度：　★★★☆☆

嫩白度：　★★★★☆

這款乳液我前後用了快十年，每次都有新的配方，味道也不太一樣，最新款有莓果香氛，淡淡的香味讓人接受度很高，好吸收保濕度不錯，長時間擦肌膚會比較乾淨均勻。

Vaseline 凡士林亮白修護潤膚露

滋潤度： ★★★★★

嫩白度： ★★★☆☆

　　有添加維他命 B3 和優格精華，標榜使用兩星期變亮白，名為潤膚「露」，質地卻是非常滋潤的乳液狀，很適應擦手、足關節比較乾燥處，身上會有一層滑滑的薄膜，全天候保濕，美白效果不錯，肌膚也更柔嫩。

Bison 佰松白薔薇美白身體乳

滋潤度： ★★★☆☆

嫩白度： ★★★★☆

　　添加玫瑰花、玫瑰果萃取、胎盤素、維他命 E、膠原蛋白及維生素 C，淡雅薔薇香氣怡人，質地偏果凍狀，塗開又變水水的很好吸收，保濕也夠清爽，美白效果不錯，會讓皮膚質感提升，視覺上透亮許多。

Palmer's 帕瑪氏全效亮白淡斑乳液

滋潤度： ★★★★☆

嫩白度： ★★★☆☆

　　有添加熊果素，可利用抑制酪胺酸酶的活化，破壞黑色素細胞以達到美白的效果，質地比較濃稠接近膏狀，不好推開，用完一瓶肌膚明亮感會提升。

MONG YA 10% 胺基酸亮白細緻乳（滋養型）

滋潤度： ★★★★☆

嫩白度： ★★★★☆

　　胺基酸這幾年很夯，裡面還添加有效的美白成份熊果素、讓角質代謝的果酸及保濕效果極佳的玻尿酸，還有玫瑰、薰衣草香氛讓人心情沉穩放鬆。罐裝有點果凍狀水水的質地，擦完需要一點時間吸收才穿上衣服，不然會黏住的，每次用都有點刺痛感，但皮膚外觀又不會紅腫，用完整整一罐皮膚變得超 Q 又飽滿有彈性，針對局部色素沉著的地方，如：腋下、臀下除暗沉滑嫩效果很優。

NeoStrata 妮傲絲翠 AHA15 果酸深層保養乳液

滋潤度： ★★★★☆

嫩白度： ★★★★☆

　　長期被小腿上的毛孔角化症所苦，在夏天悶熱或常塗防曬乳會更嚴重，因為毛孔角化就是一種角質的代謝異常，很多人都有這樣的皮膚問題，常出現在手臂後側及小腿，這種體質難以改善，我都擦果酸乳液促進它的代謝，使用初期會覺得有點小刺癢，擦了兩個禮拜後我的毛孔角化症幾乎消失不見，意外發現小腿上的傷疤也淡了，小腿皮膚細緻又白嫩，這瓶乳液也可以用在臉部。

中藥美白面膜

自古以來中藥材白芷在美容應用最多，古法中常用白芷治療粉刺、酒糟鼻、臉部黑斑等，最令人印象深刻的就是慈禧到老年時，肌膚依然白嫩吹彈可破宛如少女般紅潤，因此慈禧的美容秘方玉容散中也含有白芷，成為愛美女性喜愛的中藥美白面膜配方。

氧化會造成皮膚老化，現代人會使用抗氧化劑來預防老化，研究證實白芷中所含的香豆素類成份，對皮膚氧化有抑制的作用，甚至比抗氧化卓越的維他命 C 效果更好，白芷的美容功效備受肯定，中藥美白面膜配方一般都少不了它，能促進皮膚新陳代謝，幫助血液循環，淡斑美白達到美容的效果。此外，珍珠粉也是古法流傳百年的美白聖品，我喜歡外用使肌膚更紅潤，嫩滑有彈性。

日後的中藥美白面膜多由玉容散的配方改良，建議可以去中藥行詢問，請專業中醫師幫你評估每間都有自己的美白面膜配方，容易長粉刺痘痘者會多加一點白芨、白丁香、防風及荊芥；預算高一點可多加珍珠粉，使用方式可加水每天當洗顏料，或用水調開避開眼睛及嘴唇四周敷上即可，想要更滋養可以加入牛奶、蜂蜜或蛋白，待半乾就可以洗掉，一週可用一到兩次。

私房中藥美白面膜

材料： 將白芷、白芨、白附子、白茯苓、薏苡仁、綠豆粉。

用法： 請中藥行將上述中藥磨成細粉，一比一的比例加水調勻，可依預算可添加珍珠粉也可不添加，避開眼唇周圍均勻敷上，半乾即可用清水洗淨，可縮小鼻翼兩側的毛孔，使膚質細緻平滑美白、淡斑效果很好。

綠豆粉面膜

材料： 綠豆粉、絲瓜水。

使用方法： 將綠豆粉用絲瓜水調開成泥狀，避開眼唇周圍均勻敷上，待五到十分鐘半乾即可用清水洗淨，美白、控油效果很好，有去角質功效，建議一般膚質一週敷一次即可。

綠豆白芷面膜

綠豆顆粒有去角質的功能，白芷含豐富胺基酸可以修護、促進肌膚代謝。

材料： 綠豆、白芷、水。

使用方法： 將綠豆粉和白芷加水調勻就可以敷在身體或臉上，敷到半乾就可以清洗，加一點水輕柔按摩，在手腳關節等粗硬角質較厚的地方可以加強，最後再以大量清水沖乾淨。

Whitening
Queen

POINT

『白白的小祕密』
──玉容散的配方

白牽牛、白蘞、白細辛、甘松、白芨、白蓮蕊、白茯苓、白芷、白朮、
白附子、白扁豆、白丁香各 1 兩，荊芥、獨活、羌活、檀香、防風 5 錢，
珍珠 2 分。

Whitening
Queen

化妝水濕敷

　　化妝水在保養程序上是洗完臉後的第一個步驟，化妝水的功能是再次清潔、軟化角質、補充水份及平衡肌膚酸鹼值。事實上用了洗面乳洗臉，殘妝、多餘皮脂已經適當清潔過，不需要再次清潔，洗完臉皮膚的酸鹼值變化只是暫時性，肌膚天然的皮脂膜會自行調節，補充水份保濕靠後面程序的精華液和乳液效果更佳。我想化妝水的功效在於讓洗完臉的皮膚舒緩，柔軟不緊繃，讓後面的保養品更好推更好吸收，但必要性仍持保留態度，長久養成習慣也不需要刻意去改變什麼，保養就是安全、開心就好，不必太嚴肅。

　　我已經有兩三年沒有把化妝水放在保養第一步驟了，都是洗完臉後馬上擦乳液，皮膚依舊非常穩定，膚質還比以前還更好且更白。雖然它的功能一一被否定，但我認為化妝水還是有它存在的必要，化妝水可以給不愛乳液黏黏的油性肌補充肌膚水份，還可以擦去油光，男生用起來清爽接受度也高。

　　當幾年前接收到化妝水存在的必要性相關訊息時，一向務實走科學路線偏醫美學派的我，開始把化妝水從我的保養程序中移除，但是手邊有太多化妝水，基於本人不愛浪費，只好物盡其用，通通拿來濕敷，效果比單擦當化妝水顯著是我的意外收穫，而且每個人臉上不同區塊的膚質可能都有所不同，有角質粗硬的額頭、毛孔粗大的鼻子和鼻翼兩側、易有斑點的顴骨附近、易乾燥脫皮的兩頰等等，每款化妝水特性不同，可以分區用化妝棉濕敷，不同於一般面膜整張臉都敷同一片。用化妝水濕膚可以迅速供給肌膚水份，增加養分的吸收，促進循環代謝讓肌膚更透亮穩定，和敷面膜一樣大約一週做兩次即可。

『白白推薦』
——化妝水濕敷心得

GIVENCHY 紀梵希美白超亮采毛孔緊緻調理露

保濕度 ★★★☆☆
亮白度 ★★★★☆

有添加水楊酸，第一次用感覺有一點點小刺痛，我通常是局部濕敷在鼻子和鼻翼兩側，針對毛孔較明顯的地方，有保濕、收斂效果，適合混合肌或油性肌的美白用品。

肌研白潤化妝水

保濕度 ★★★★☆
亮白度 ★★★★☆

曾經用過肌研極潤系列很喜歡，新出的美白也很不錯，這款化妝水有添加高純度熊果素、維他命 C 衍生物，掀蓋式包裝很容易倒出來，濕敷很保濕，肌膚會像喝飽水一樣 Q 彈，很溫和好吸收，是除黯淡補水急救用的好物。

ALBION 艾倫比亞健康化妝水

保濕度 ★★★☆☆
亮白度 ★★★☆☆

在還沒引進台灣時就有空服員好友推薦給我，這款化妝水顏色是白色，有淡淡香味。曬後想要迅速白回來，可以將肌膚狀況調整到比較穩定健康，做起其他保養來更得心應手，濕敷後隔天底妝很貼又持久，妝容更精緻，常濕敷肌膚會明亮有光澤，缺點是敷起來有點薰眼睛。

廣源良絲瓜水

保濕度 ★★☆☆☆
亮白度 ★★★★☆

絲瓜水是從老祖母的年代流傳下來的傳統天然護膚良方，可以迅速補充肌膚水份，溫和可鎮靜舒緩消炎，是曬後必備降溫、補水、退紅好物，且有美白效果，是最便宜有效的美白化妝水，適合油性及混合肌，可收斂毛孔抑制油脂分泌，敷完要擦乳液加強保濕才會維護水嫩白亮唷！

Whitia 美白海洋化粧水 EX

保濕度 ★★★★☆
亮白度 ★★★★☆

添加海洋性膠原蛋白及安定性維他命 C 誘導體，鎖水保濕效果優，用兩週就明顯亮白，有滋潤型和清爽型可以選擇。

SKII 青春露

保濕度 ★★★☆☆
亮白度 ★★★☆☆

你開始人生第一罐青春露了嗎？我在十八歲時開始我人生的第一罐青春露，至今斷斷續續使用也超過十年，是少數在我會一直用下去的保養品之一，它陪我度過人生每一個低潮起伏，充滿壓力、作息不正常、熬夜、身體狀態不佳時皮膚都會出現狀況，角質堆積、黯沉粗糙、代謝不佳都難不倒它，現在我仍會把它局部敷在角質較粗硬的 T 字部位和下巴，在重要約會前一天它都會迅速還我好臉色，水嫩有彈性的膚觸非常令人喜愛。

NARIS UP 娜麗絲維他命 C 敷顏化妝水

保濕度 ★★★★☆
亮白度 ★★★★☆

娜麗絲是廣受大家喜愛的日系開架美妝，這瓶標榜可以敷六十次，卻只要台幣兩百元有找，日本製的樸實包裝有 360ML，無香料、無著色、無礦物油的弱酸性，敷完臉皮水嫩飽滿，透亮效果佳，也夠保濕，同系列還有膠原蛋白更滋潤及強調保濕的玻尿酸可選擇，物美價廉、保濕、美白效果兼顧，經常使用或拿來敷身體都不會心疼。

DIY 保養品小叮嚀

成份不複雜越簡單越好：成份單純簡單化可以降低刺激的發生，屆時要是很不幸發生過敏也較能釐清兇手是哪一個，還可避免成份彼此間相斥的可能性，肌膚吸收有限，不要貪心什麼功能都想要什麼都加唷！

　　自己做的保養品經濟實惠，無添加色素防腐劑，但是我們不是白老鼠，對成份、比例濃度、保存方法一定要有充足的認識，萬全的事前準備功課務必要做好，使用後皮膚有什麼不適要停用及早去求診皮膚科。

用量比例拿捏合宜：常見在配方中的 c.c. 等於 ml（毫升）是容積的單位，還有 g.（克）是重量的單位，要是有出現重量的 g.（克）的配方，就不該用燒杯、量桶來計量，因為密度不同一毫升不一定等於一公克，在調製過程中可能會有誤差，請準備電子秤來量較精準，相對有效濃度可以掌握，也降低可能過度刺激肌膚的可能，所以說 DIY 不見得會比較省錢，剛開始需要添購一些器材容器的！

做完要早點用完 確保新鮮：自己做的保養品沒有加抗菌劑和防腐劑，在養份充足的環境下微生物和細菌很容易滋生，建議一次做一次的量，或是用完放冰箱儘快用完確保新鮮有效不變質，我自己的習慣是不加防腐劑、殺菌劑力求成份簡單化避免引發過敏，所以一次都只做少量。

有機會也會和家人好姐妹一起分享，新鮮的效果最好最安全！不易保存、穩定性不強、易氧化變色的成份要以避光瓶或特殊容器收納，有些刺激性原料自製保養品不易，美白類成份酸性強更應小心，必要時還是需要專業人員來調製較安全保障。

天然的東西不一定溫和：市售保養品標榜純植物性提煉安全無副作用、溫和不刺激，逐漸在消費者的想法中深植「天然」=「溫和不刺激」的印象，天然的植物由很多成分構成非單一，用在保養品上也不是每一種都對肌膚有益，且天然物質的分子太大難以通過角質層，護膚成份一定要經過特殊萃取和處理，所以自製的「純植物」保養品不一定有效或溫和，天然的絕對不等於安全無毒，別忘了許多毒品、藥物都是天然植物中提煉出來的，服用來路不明草藥還有敗腎傷肝的風險。

　　常見的居家美白 DIY 舉例來說，檸檬是女性美白的最愛，外用內服多用途，檸檬富含高維他命 C 但是酸性很強，喝純檸檬汁很傷胃，需要加一點蜂蜜、水或冰塊來稀釋，外用檸檬敷面有果酸但是天然的物質酸度難以掌握容易過度刺激肌膚，而且柑橘類水果的果皮有一種植物性的感光物質 Furocoumarin，日曬後會引起敏感導致黑色素沉澱反而變黑，這種發炎後的反應要花好幾週才會消退！常見的小黃瓜敷臉也是，小黃瓜富含水份和維他命 C 是美容聖品，不管是打成泥或是切片都是流傳已久的美容小偏方，但是小黃瓜皮也有光敏感性，建議敷完一定要將臉洗乾淨或是至少六到八小時不接觸陽光。 食材中雞蛋、蜂蜜、綠豆粉、牛奶算是比較安全溫和可以推薦給大家護膚 DIY 的安全成份！

Health and Sustainability

Whitening 4
美白保健班
怎麼吃才能健康又白？

美白食補

　　白天穿上長袖衣物、戴帽子、撐陽傘還仔細擦上防曬，平時敷面膜、去角質、擦美白精華液，美白工作做的滴水不漏，做足了外在的防護美白，還有由內而外的調理才可以讓白由裡透出來，而且不是像擦保養品一樣只有擦的地方白，可以讓全身都嫩白。

　　經常外食、節食或偏食的人大多有營養不均衡的問題，也許你認為多吃蔬菜水果很健康，事實上身體的運作必需要有足夠的能量，提供各器官所需的的修補原料才會充足，五穀根莖類、奶蛋豆魚肉類、油脂類、蔬菜及水果類五大類都要兼顧，充足營養才夠維持體力，健健康康就是所有美麗的根源。

　　飲食是與我們人的一生息息相關，一天要吃三餐甚至更多，吃下去的食物長期下來會反映出我們的健康問題，也造就了許多慢性病，「吃」可以讓人健康，也能讓人生病，不妨在飲食中著手，也可以吃的健康均衡又美味唷！

　　此外含 β 胡蘿蔔素的食物，如：紅蘿蔔、芒果、木瓜、南瓜等，如果吃過量了，會讓膚色變黃，想要美白的你可能要酌量食用，停止食用就會恢復原來膚色。

吃醬油會變黑，喝牛奶會變白？以前常在醫院裡聽到老一輩的人說手術後不要吃醬油，以免傷口會變黑，後來發現很多人都有這樣的想法。

在醫院裡衛教病人確實會在飲食方面特別強調，應避免辛辣、刺激性食物，例如咖啡、酒、茶及重口味如醬油蔥、薑、蒜、辣椒等，因為食物本身較刺激會影響傷口恢復，而不是會色素沉澱在傷口上留疤。

　　皮膚變黑的主因是黑色素造成，特別是因日曬引起，醫學研究目前為止並沒有結果顯示深色食物吃了膚色會變深，請放心享用醬油的美味吧！以我當例子，我非常喜歡吃醬油，也從來不忌醬油，皮膚也沒有因此而變黑。別想太多，不如認真做好防曬和夜間保養吧！而多喝牛奶的確實可以此肌膚滋養，提高肌膚含水量產生視覺上的美白效果。

『白白的小祕密』
——想要美白要少吃的食物

　　要幫助肌膚美白，有些東西要多吃，也有些東西要少吃，比如說：香菜、九層塔、芹菜、無花果、薺菜、油菜、菠菜、萵苣、香菜、韭菜、紅豆等。這些食物含有感光類物質會對光線敏感，大量食用經陽光照射容易產生斑點、色素沉澱等現象，避免食用後曬太陽或偶爾吃不過度食用即可。

Health and Sustainability

吃什麼可以美白？

抗氧化食物有助美白、防癌及預防心血管疾病：日曬時紫外線會刺激皮膚產生大量的自由基，自由基會破壞皮膚細胞導致老化，使皮膚的抵抗力降低，並加速黑色素生成，使膚色變黑、粗糙及失去彈性，不管是曬前或曬後甚至平時都要常吃可抗氧化、幫助清除自由基的食物，進而降低紫外線對皮膚造成的傷害。像維他命 C 是很好的抗氧化劑，還可促進膠原蛋白增長，取得容易，是歷久不衰的美膚聖品。

還有維他命 E，在各類堅果及小麥胚芽等植物油中有，其中堅果中的油脂以單元不飽和脂肪酸為主，有利提高血中 HDL 的濃度，降低 LDL，具有降血脂功用，適量的堅果可預防減少心血管疾病的發生，對肌膚來說，吃進肚的油脂也是有利的，富含維他命 E，有助抗氧化和消除自由基，增強皮膚抵抗力及復原能力，是美膚保健重要營養素之一。

維他命 C 使肌膚嫩白有彈性：維他命 C 可讓肌膚還原美白，促進膠原蛋白生成，可抗氧化提高對抗紫外線的戰鬥力，購買取食方便，在生活中飲食很容易攝取到，是很平易近人的美白食物，在蔬菜水果中含量最多，櫻桃、芭樂、甜椒、木瓜、草莓、蕃茄和奇異果都是含有高維他命 C 的蔬果。

做好體內環保身材皮膚都會好：多吃蔬果好處多多，除了可以攝取到維他命 C 達到美白的效果，還可維持腸道健康，配合多喝水、規律運動，養成每天排便的好習慣，有便祕問題的人早起空腹可喝一杯 500c.c. 的水、每天吃一顆富含纖維的加州梅，平時多喝優酪乳、吃優格或是乳酸菌，都可以刺激腸胃蠕動，排便更順暢，做好體內環保不但身材會更輕盈，還能讓氣色更好不暗沉唷！

中藥食補氣血通順，代謝好膚色就白裡透紅！從小因為家裡是中醫診所，常常運用中藥食補，中醫的理論核心在陰陽五行的平衡，影響膚色關係最密切的臟腑主要是肝、脾、腎。生活作息、壓力大、工作忙都易造成臟腑功能失調，精氣虛弱，氣色變差，臉色就黯沉，斑點產生。想要運用中醫美白，就要由內而外調理臟腑，首重促進新陳代謝，調理女性荷爾蒙，經期順又規律，元氣足黑色素代謝較快，也不容易變黑，膚色自然會紅潤明亮，這裡有多樣簡單的藥膳既養生又補氣血分享給大家。需注意的是在家庭中常見的藥膳使用的人蔘、黃耆、紅棗，不適合高血壓患者過度服用，請小心酌量使用。

必吃的美白食物

豆漿：豆漿中主要的營養來自黃豆，豆漿中含有蛋白質、不飽和脂肪酸、大豆卵磷脂、大豆異黃酮、大豆皂素、大豆纖維、維他命、礦物質，鐵和鈣等物質營養豐富，且不含膽固醇、不含乳糖不會引起腹瀉，有「植物的牛奶」之稱。可調節內分泌改善婦女更年期症狀、利於腸道益生菌生長使排便順暢。

　　豆漿中的大豆異黃酮是一種天然賀爾蒙，非藥性的植物性荷爾蒙，可讓肌膚光滑且滋潤，延緩衰老，有抗氧化作用，常喝豆漿皮膚狀況會改善，膚質會更透亮細緻。我很喜歡喝豆漿，媽媽幾乎每個禮拜都會做豆漿放在冰箱裡，我家三姐妹幾乎把豆漿當成開水渴了就喝，有加糖的口感當然比較好，如果要喝比較多量又在瘦身減肥中，建議可以喝看看無糖豆漿，自己在家做新鮮又簡單喔！

莓果類：鞣花酸是衛生署公告許可的美白成份之一，除了外用外，最早是發現大量存於葡萄、藍莓、草莓、黑醋栗、覆盆子、蔓越莓、櫻桃等莓果類深色的莓果類中，有自由基的清道夫之稱，抗氧化力強，能保護身體免受自由基的傷害，達到預防癌症發生，避免黑色素的生成，是可美白又抗老化的水果。還有廠商貼心做成濃縮果汁方便消費者飲用，喝起來效果也很不錯，可以掃除暗沉讓肌膚水嫩嫩。經常吃莓果類還能保護眼睛健康，使眼睛黑白分明，明亮有神。此外，莓果類對女性健康有益，保護泌尿生殖系統，增強抵抗力。

蕃茄：番茄曾被美國時代雜誌評選為現代人十大健康食物之首，營養豐富價格便宜，蕃茄中的茄紅素更是紅透半天邊，是類胡蘿

蔔素中抗氧化能力最高的，有消除自由基的作用，抗老防癌的功能。常吃蕃茄的人，平均罹癌率可降低四成，是防癌聖品。可生食當水果或入菜，據説蕃茄結構相當穩定，就算經過高溫烹煮，加工榨汁成蕃茄汁、做成罐頭都不會破壞茄紅素，甚至加工後的茄紅素含量變更高。

　　蕃茄含有極佳的抗氧化劑穀胱甘肽，近年來也常被添加在美白針中，可抑制酪氨酸酶的活性，達到美白效果，可促進皮膚深層色素消退，預防斑點及老化。豐富的維他命C，更能協助膠原蛋白生成，使細胞排列緊密，提升肌膚緊緻嫩滑，預防細紋和老化，蕃茄是養顏美容抗老的高營養價值水果。

芭樂：芭樂熱量低、纖維多，由此可知並不是越酸的水果才有越高含量的維他命C，芭樂的維他命C為柑橘類的8倍，可維持口腔黏膜健康、防止牙齦腫脹、出血，是愛美女性美白瘦身的最佳水果選擇。果肉內的抗氧化物質，可保護身體不受氧化的傷害，對抗自由基的作用。所含的多種胺基酸都是人體所需，易消化吸收，提升人體免疫力，我常常嘴饞時就吃一點，補充維他命C可美白又可以增加飽足感，又不會像檸檬那樣酸又傷胃，還可以促進排便。

苦瓜：苦瓜可消暑、解毒、降火氣，又有豐富的營養，其中最特別的是維他命C的含量居瓜類之冠，有抗氧化作用，可有效降低癌症發生率。原本我怕苦不敢吃苦瓜，但是用百香果醃漬涼拌後，完全沒有苦瓜的苦味，讓我喜歡上吃苦瓜，沒有經過高溫烹調吃的到最完整的營養素，在夏天吃酸酸甜甜非常清脆開胃，性偏涼女性朋友要酌量食用。

絲瓜：絲瓜性味甘涼，熱量低，可清肝降火、美白護膚、有抗氧化作用、防癌及抗衰老等功效，除了可以當蔬菜吃，絲瓜水還可以美白護膚，菜瓜布可以洗碗或去角質沐浴用。絲瓜料理清甜爽口，富含水分高達95%，含有助腸道活動的高纖維，便祕者可以多吃，還能讓乳腺通暢、體態更好，女性朋友一定要多吃。

絲瓜採收時接得的汁液稱為絲瓜水，據說飲用可以降火氣，普遍都是被拿來當化妝水使用。不起眼的絲瓜水，無味透明，鎮靜舒緩，補充水份可美白肌膚，用化妝棉溼敷效果更好，可收斂控油適合偏油性肌膚使用，夏天放在冰箱用起來更清涼舒爽，是物超所值的曬後降溫急救聖品。絲瓜水保存也相當簡單，只要放置陰涼處，水分不跑進去就不會變質。

奇異果：奇異果含有豐富的維他命C，超過等量柑橘類水果的十倍以上，一天一個奇異果就足夠一天維他命C所需的量，且在人體吸收後利用率可高達九成以上，可預防牙周病、口腔炎、牙齦出血。還可以提高身體的免疫力，可阻斷致癌因子「亞硝酸胺」的形成，防止自由基作用及致癌物質傷害人體，可預防食道癌、肝癌、胃癌及大腸直腸癌等消化系統的癌症形成。含有十二種胺基酸、葉酸，常吃可消除疲勞、保健視力、改善視力減退、預防視網膜剝離、防衰老、淡化斑點及美白。

奇異果含豐富的膳食纖維，可軟化糞便、促進排便，是便秘者首選食物，並有可改善消化不良、食慾不振等腸胃問題。

Health and
Sustainability

吃的美白保養品—健康食品

外用的保養品已經無法滿足愛美人士了，美容效果的健康食品有已經變成趨勢，美白時用「吃的保養品」的好處是可以由內而外調理，讓全身上下每一吋肌膚都一起嫩白，當然也包含了令人害羞的私密處，比較均勻又可顧及整體。

選購上不是貴就是最好，一般我都會選擇知名大廠出品較有保障，普遍來說歐美品牌所含的劑量會比日系品牌高出許多，價格也更便宜。選購時一定要看它的單顆劑量，每天要吃多少劑量才足夠，換算出一瓶可以吃多久，照自己的預算來仔細評估。要持之以恆每天照指示三餐飯前、飯後或睡前服用多少，每種健康食品成份本身特性不同，一定要正確服用才能達到最佳效果，可以準備一個小藥盒分類，方便隨身攜帶提醒自己吃。

如果一次服用多種務必和藥師或醫師討論是否會相斥，而健康食品只是補充特定的營養素來達到美白的效果，平時還是要飲食均衡，不要過度依賴，防曬工作仍是要繼續做，沒有一種健康食品是有防曬效果的，美白無效很可能你要檢視一下自己是否有確實做好防曬，也許是你變白的速度不及你變黑，這是美白之路的大忌。

吃的美白到底有沒有效？ 我認為這只是一種輔助，比起美白針直接進入全身血循作吸收，口服的方式經過胃液強酸的破壞，才到腸道吸收效果當然弱了一點，優點是可以每天在家自行服用，雖然效果慢一點出現，價位也相對比美白針可親，怕打針的你可以試試。

Beauty up

珍珠粉

珍珠粉，有潤澤肌膚、改善暗沉之效，古代慈禧太后愛用珍珠粉美容養顏，可口服也能外敷，至今仍是許多愛美女性的最愛。事實上珍珠主要的成分是碳酸鈣，含多種胺基酸，對身體修復及生理機能正常運作有幫助，對膚質多少也有助益，但是對大家所關心的美白效果還是因人而異，可以補充鈣質是確定的。所以建議有在服用珍珠粉的朋友，可以早上和睡前空腹各吃一小匙，睡前吃最好，因為珍珠粉有豐富的鈣質，有安神助眠功效，但是加入保養品中外用、中藥敷面、泡牛奶澡，嫩白效果非常好，比口服效果還要更好也更快。

在家媽媽從小就會給我們吃珍珠粉，許多親戚懷孕期間也會服用，希望生出來的寶寶皮膚白皙，成效都還是很好，算是一種民間流傳的中藥美白，如果你還是想試試珍珠粉美白效果，記得要選擇信譽良好的品牌，有重金屬安全檢測通過的證明，才能吃的安全有保障，為自己的健康多一層把關喔！

L- 半胱氨酸（L-Cysteine）

日本流行吃的美白已經多年，當紅的美白成份就是 L- 半胱氨酸（L-Cysteine），幾乎所有吃的美白都以它為主要成份，阿白就開始嘗試了多個廠牌，效果都還不錯。

當肌膚受到內在及外在各方的傷害，會產生過多的自由基攻擊我們的各個組織細胞，細胞受到傷害，人體便出現老化，因此醫師們都很鼓勵民眾平時要多吃蔬果，可以保持身體健康和預防老化，就是因為蔬果中有大量抗氧化物，可對抗自由基的產生，減少細胞的受傷，進而阻止肌膚的老化。而 L- 半胱氨酸可清除自由基和其他氧化物，減緩衰老。

　　L- 半胱氨酸是一種非必需氨基酸，為美白抗氧化聖品穀胱甘肽（Glutathione）合成重要來源之一，具有抗氧化效果，可幫助修復減低日曬造成的紫外線傷害，促進肌膚代謝，可還原並消退表皮沉著的黑色素，並有效抑制黑色素形成，長期服用對於黑斑、雀斑等都可以淡化，以達到美白功效。

　　人體會自行合成 L- 半胱氨酸，在高蛋白質的家禽肉、小麥、深綠色花椰菜、蛋、大蒜、洋蔥及甜椒等食物中也可以獲得，若要口服 L-半胱氨酸來達到美白效果，建議持續服用最少兩個月，配合平日的保養及防曬工作，肌膚就會慢慢明亮白皙起來。

日本第一三共製藥 Cystina C：含維他命 C、L-cysteine 和維他命 B6，針對黑斑、雀斑、痘疤的美白錠，白色的糖衣錠像在吃糖果，一天要吃六顆，可以三餐飯後各兩顆，L- 半胱氨酸的成份一共是 240mg，這是我現在日常在吃的，保持肌膚明亮度還不錯。由日本美容專家藤原美智子老師推薦，這品牌還有出更強美白效果的是針對肝斑，在日本被列為第一類醫藥品管制，主要成份就是傳明酸，可有效淡化肝斑。

NOW L-Cysteine：這瓶就是網路俗稱的美白錠，含維他命 C、L- 半胱氨酸和維他命 B6，光單顆 L- 半胱氨酸就有 500mg，瓶身說明可飯前或飯後每次一顆，一天可吃一到三顆，是錠劑有點大顆要小心吞食，我之前都空腹吃完平躺睡覺，胃會有點不太舒服，建議飯後吃，吃完不要平躺，大概吃一個月肌膚就變的比較透明，兩個月就白上一號了！

Puritan's Pride 的 L-Cysteine：含維他命 C、L- 半胱氨酸和維他命 B6，L- 半胱氨酸也是單顆就有 500mg，飯中飯後每次一顆，一天只要吃一

Health and
Sustainability

次，膠囊狀好吞食，不會有胃痛的問題，美白效果也很好，是 NOW 缺貨時的最佳替代品。

FANCL 色白麗雪錠：印象中從舊款包裝換款了兩三次，成份似乎有一點改變，每日三回一次兩顆，是小圓錠劑，L- 半胱氨酸一天份一共是240mg，也是維持透亮不錯的選擇！

維他命 C

維他命 C 是非常經濟實惠且容易取食的維他命，在日常飲食中蔬果都攝取得到，維他命 C 經腸胃吸收七八成後，只有不到一成到達皮膚，效果有限，外用的效果會更好，或是用美白針用靜脈滴注進入身體全身血液，效果更直接迅速。

維他命 C 是抗氧化劑，可以還原美白，抑制黑色素形成，防止色素沈澱，淡化斑點，可增強抵抗力。膠原蛋白是皮膚真皮最主要的成分，膠原蛋白充足，皮膚就會光滑飽滿，緊緻有彈性，其中維他命 C

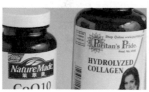

可以促進膠原蛋白增生，改善皮膚皺紋，預防老化。維他命 C 安全性高，平時蔬果攝取也不易吃過量，且維他命 C 是水溶性維他命，隨著排尿液就排除出體外，衛生署建議成人每天攝取 60mg 的維他命 C，是以預防壞血病等缺乏維他命 C 引起病症為考量，如果進一步想預防疾病、抗氧化，可以把標準提高。。

　　在選購的時候，我通常會以酯化 C 優先，效果好又不傷胃，再來就是看劑量，一天吃一顆 500mg 就足夠，如果這幾天有要外景會日曬，就會改吃一顆變 1000mg；市面上的維他命 C 還有口含錠，吃起來酸酸甜甜很好吃，但是吃完會想刷牙，出門在外有時比較不方便，我就會選吞的錠劑，沒什麼味道，隨時都可以吃。

AMERICAN HEALTH　Ester-C：一般的維他命 C 都是酸性，對於胃不好的人可能會有負擔，於是有些品牌就將維他命 C 酯化，變為接近中性比較溫和不傷胃。一般的維他命 C 是水溶性，隨著汗水、尿液排出體外，停留在體內的時間很短，可吸收的維他命 C 量就有限。酯化 C 可以延長維他命 C 停留在體內的時間，改善過去維他命 C 吸收有限的問題，比起一般的水溶性維他命只能在體內 2 到 3 小時，脂化 C 能有效釋放長達 8 小時，使我們服用的維生素 C 更能有效被我們身體所吸收。很可惜的是市面上不多見，價格也比傳統維他命 C 貴上一倍。

VITAREAL WHITE：一天份維他命 C 是 500mg，可促進新陳代謝，預防斑點及曬黑，也是白色糖衣錠，每日三次，一次兩顆，除了補充維

他命 C 外，還有添加 L-cysteine 120mg，提升抗氧化美白的效果。

Chocola BB lucent C：很多藝人都會吃這個日本品牌的維他命 B 群，這款維他命 C 一天有 600mg，還添加了添加 L-cysteine 240mg，還有維他命 B2、維他命 B6 及維他命 E，可抗氧化促進代謝，由體內抑制黑色素生成，促進黑色素排出，使體內色素量減少，達到絕佳的美白效果，針對雀斑可有效淡化，每日三次，一次兩顆，免去 L-cysteine 和維他命 C 分開攝取的麻煩。

NATROL Vitamin C：在 COSTCO 就買得到，也是長效釋放的緩釋錠，使維他命 C 停留在體內的時間延長，增加維他命 C 有效吸收利用，也是非酸性不傷胃，素食者可使用，單顆就是高劑量 1000mg，每天一次在飯後服用即可。

Health and
Sustainability

美白針

　　美白針就是一種營養針提供身體所需營養，也許膚色黑、不夠白不是疾病，所以這樣的「治療」方式至今仍有一些爭議，但基本上在合法專業的醫師把關下這些針劑裡的成份都是安全無慮，只是有些成份需要小心使用要注意。

　　顧名思義美白針就是一種有美白效果的針劑，藉由一些臨床常用的藥物、維他命、礦物質、胺基酸等由內而外調理，直接進入血管增加血液循環，達到全身上下全面性的美白，不像一般外用保養品只有擦的部位局部變白而已，原理在補充體液電解質，促進細胞新陳代謝，更新老舊細胞，修復能力變好，身體健康了精神就好，膚色透亮膚質也更細緻了。

途徑：美白針就是美白點滴，是一種針劑將美白抗氧化成份透過靜脈點滴慢慢滴注的方式進入血管，很類似我們生病時在醫院打的點滴，提供有效率又直接的美白方式。（過去的美白針是小量輸液直接推注進血管，但快速推入藥物容易感覺疼痛，而且量少內容物美白成份不及美白點滴多，效果沒有美白點滴好，現在已少用。）

滴注時間：視配方成份、劑量濃度、點滴總量不同，滴注的時間大約是二十分鐘到一個半小時間，濃度高滴注太快容易有頭暈、噁心、嘔吐、心跳變快等反應，建議初期可以滴慢一點，適應濃度後會漸漸習慣，也觀察自己對藥物是否有不良反應。

『白白的小祕密』
如何選擇美白針？

要由專業醫護人員執行，除了要選擇合法專業評價良好的診所外，我也會在意以下幾點：
● 醫師針對營養諮詢，依據個人需求量身訂作客制化美白處方。
● 消費者本身也要清楚了解成份效用，內容物成份透明化，安全又有保障。
● 濃度越高成本越高也會反映在美白針價格上，價位要合理可接受，畢竟美白針不是一次兩次就有效需要長期打，要結合預算上的考量。
● 環境舒適安全不會無聊，有的診所還貼心提供個人電視、電腦上網、耳機聽音樂、按摩椅舒壓，喜歡安靜也有獨立空間有床可以小睡片刻。
● 一週要去兩次所以診所地點交通方便也是考慮因素之一。

注射的頻率：一般日常保養一週一次，初期可以一週兩次，大約四天一次效果較快也明顯，坊間美容診所都有療程包套優惠，買越多會越便宜，也是鼓勵大家美白針是要規律持之以恆施打，沒有一次就有效，一次的效果大概只有精神飽滿和尿液變黃而已，若有心要打美白針積極美白就要持續規律施打。

術後注意事項
● 無恢復期不影響日常作息可正常上班上課。
● 滴完點滴移除針頭後用酒精棉按壓一分鐘幫助止血，不要搓揉按摩會導致瘀血黑青。
● 美白針只是輔助美白，日常的防曬保養還是要照常進行，美白效果才會明顯。

成份

基底：每家診所的美白針處方不同，點滴本體有 250c.c. 和 500c.c，現在大多是用 250c.c. 就足夠稀釋處方藥品，高濃度的成份沒有經過稀釋而直接注入人體會很疼痛，早期美白針都是用 0.9% 氯化鈉液（生理食鹽水）當基底，再加入美白的配方，成本較低廉，近年有推出葡萄糖水補充能量，胺基酸液提供身體機能所需，成本價位自然就會比較高，我偏好胺基酸當底的美白針，胺基酸在人體器官中組織代謝運作上中扮演極重要的角色，對膚質調理有幫助，相較生理食鹽水就只有補充體液的效果。

當然美白的效果要視後來加入的配方濃度而定，點滴的總量不表示濃度高低、劑量多少，量少也不等於劑量精純濃縮，量多也不是就有效，加入的配方的量才是重點，當拿到處方護理人員會將藥物一一加入基底點滴，就是只是你看到掛在點滴架上那一罐、那一包，裡面的內容物你知道了多少呢？

處方藥物成份及治療功效：每一家診所的美白針成份不同，大多由維他命 C、維他命 B 群、多種礦物質和胺基酸、抗氧化物組成，包含穀胱甘肽（Glutathione）、傳明酸（Tranexamic Acid）、硫辛酸、銀杏等。

維他命 C：肌膚的最佳抗氧化劑是美白針必添加成份，可延緩肌膚老化、抗皺、美白、促進膠原蛋白增生、增加皮膚彈性、細胞修護。

維他命 B 群：促進新陳代謝、抗壓、抗憂鬱、放鬆神經、助眠、提高反應力、使皮膚健康。還可預防腳氣病、舌炎、口腔潰瘍、口角炎、脂漏性皮膚炎。

穀胱甘肽（Glutathione）：是體內最強的自由基掃除劑，由三種胺基酸所組成：麩胺酸（Glutamic acid）、半胱胺酸（cysteine）、甘胺酸（glycine）。在細胞內調控氧化還原反應除去有害的自由基，在肝臟協助進行解毒還可加強免疫力、預防疾病，老化會造成體內穀胱甘肽含量的降低。

傳明酸（Tranexamic Acid）：在臨床上原本是婦科用來治療經血過多，耳鼻喉科用來治療黏膜充血，有血管收縮止血、抗炎作用。抗氧化作用很強，還可以抑制黑色素生成，加速色素代謝、防止皮膚變黑，外用內服都有美白效果。2006 年經台灣衛生署許可為有效的美白成分，但是限用於外用，雖然傳明酸在日本當美白藥口服已經多年，算是廣泛使用也安全，但是用在美白針建議要找合法專業的醫師諮詢過，在生理期時要小心使用也不宜靜脈栓塞、血栓、中風的高危險群使用。

硫辛酸：抗氧化、對抗自由基、防衰老。

半胱胺酸（Cysteine）：穀胱甘肽（Glutathione）合成重要來源之一。可消除脂肪、幫助肌肉成長、可清除自由基、延緩老化及抗輻射，是皮膚構造的重要成分，幫助皮膚再生，使傷口加速癒合。

甘胺酸（glycine）：加強免疫功能，為穀胱甘肽（Glutathione）合成重要來源之一。

甘草酸：有肝臟的守護者之稱，可保肝、抗過敏、美白，是外用內服皆有效的美白成分。

銀杏：抗氧化、抗凝血、促進周邊血液循環、改善手腳冰冷、增加腦部良好的血液循環。

保肝：消除疲勞、暈眩感、食慾不振。

鎂（Mg）：放鬆心情、舒壓。使骨骼生長與維持、調節鈣的恆定，維持神經肌肉正常功能

鈣（Ca）：肌肉正常收縮、調節心律。

鉀（K）：體內酸鹼平衡的維持、細胞生長代謝所必需的物質，影響醣類代謝及蛋白質合成。

價位

　　美白針的價格有高有低，價差很大從一針一百到一針兩千都有，有些診所為了要降低成本低價促銷使用的藥品品質較難掌握，剛提到的點滴的量多不代表越貴，重要的是裡面的成份，這些處方的劑量都會反映在價位上，千萬不要貪便宜，挨痛又沒效果嚴重還會影響健康。貴也不等於是最有效，選擇信譽評價良好的診所非常重要！除了使用的藥品等級品質不同外，每家診所的美白針可能又會分幾種不同的規格，可以依照個人需求和預算選擇，有比較頂級針對抗老、修復等進階版，也有基礎保養美白調理可以入門。

打美白針最佳時機：美白針其中的成份維他命、礦物質、胺基酸可提供能量身體運作所需，促進生理機能有效運作，在某些特殊情況下非常適合打美白針。

●做雷射美容治療前一週可以預防術後常見副作用反黑的現象，術後對傷口修復、消紅退腫速度較快，縮短恢復期加強雷射效果變白更有效。

●進行手術後可維持體力、幫助組織修復，可和醫師討論合適配方。

●工作壓力大、睡眠品質不佳、熬夜時需要體力時，美白針可以消除疲勞補充能量。

●快要感冒或正在重感冒，美白針就像是發燒時打的點滴一樣，點滴瓶裡裝的是等張的生理食鹽水，還有有高劑量的維他命 C 和 B 群，補充體液電解質恢復體力，感冒也復原比較快，而且施打期間精神都很好，身體健康不容易生病。

●想積極美白有美白需求，持續打美白針可以提升美白效率，調理身體

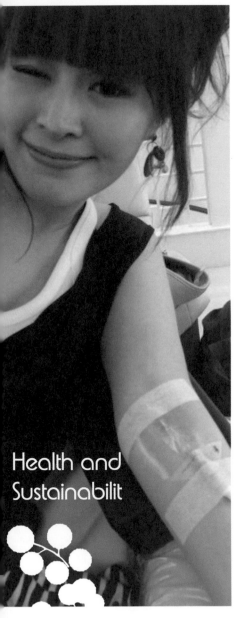

Health and
Sustainabilit

狀況對膚質也有幫助。

美白效果：美白針可以加速表皮裡黑色素新陳代謝、抑制黑色素生成、促進真皮層的膠原蛋白增生，講了那麼多理論、原理，我想大家最關心的就是美白針到底有沒有效？

理論上是很有效的，但是要持之以恆打，而且搭配日常防曬才能維持更好，依照每個人的吸收程度體質不同，想要效果快一點，成分有效劑量濃度就要更高，施打的頻率也要密集，還要配合日常保養內外多管齊下效果才會快又明顯。變白需要的時間根據個人體質和有沒有做其他的美白工作而定，以我剛開始每週打一次，初期感覺皮膚更好上妝也比較不乾燥，一個月後感覺有比較明亮一點點，接著就越來越透白維持到現在。

打美白針可以曬太陽嗎？美白針裡沒有感光成份導致皮膚變更黑的成份，打了不會讓肌膚變的敏感容易曬黑，它可以增加肌膚日曬時的抵抗力和修復能力，但是美白針本身並沒有防曬功能，防曬的重要性在本書已經強調過很多遍了，請想像你為了瘦身很努力運動，結果還是不忌口大吃大

喝，效果會好嗎？

副作用：在專業醫師指示下的配方可以避免副作用發生的機會，在成份有疑慮或過程中有任何不適都要提出與醫師討論。在開始滴注時可能出現短暫頭暈想吐情形，大多是對點滴高濃度有不適應，將滴速調慢可以改善，或不要在空腹時施打，最好在飯後半小時以後打，久了也會慢慢習慣，頭暈情形會減少。一般建議腎臟病、心血管疾病的人不宜施打，以免造成身體負擔。

在美白處方常見的藥物值得注意的有「傳明酸」，傳明酸有促進凝血作用，有以下情形的人要小心使用：

●有心血管、血栓病史或家族病史者要注意，以免增加血栓的風險。

●服用口服避孕藥的女性要注意。

●服用抗凝血藥的病患不可使用。

●曾對傳明酸藥物過敏的病史也須小心使用。

●少數人打美白針後 MC 量會變少，但不影響正常生理週期，一般在經期時就不會加傳明酸。

美白針和口服用健康食品的不同：基本上只要藥物間彼此不相斥，口服加上美白針同時進行效果更好，美白針裡的成份多為水溶性，沒有累積體內造成過量的問題。此外，平時飲食攝取的維生素 C 還要經過腸胃道吸收剩七成才到血液中，相較下美白針還是較快速直接有效的。

	美白針	健康食品
途徑	由靜脈點滴滴注進入血液	口服後經過腸胃道消化吸收才到血液裡
吸收效率	100%進入血液	胃酸破壞效果大打折扣
美白效果	全身性，快且直接	全身性，較慢出現效果
費用	較高	便宜
執行	需要專業醫護人員協助，而且打針會痛。	溫和只要天天按時吃

打美白針後要憋尿？排尿就把美白針的成份通通排掉，所以美白針效用不大？美白針效用因人而異，針對排尿就會把美白成份排除部份我必須要補充一下，尿液是身體循環代謝下產生的廢物，排出以前已經

在身體循環吸收過了，理論上美白針的美白成份直接進入血管進入全身血液分送到各個需要的細胞組織，血液通過腎臟，經過腎元的過濾後只有 1% 形成尿液，其餘的九十九 % 會再吸收回血液裡，接著經由輸尿管到膀胱，最後從尿道排出體外。

所以不會那麼浪費全部都排出，沒有所謂尿完就都排掉的問題，請不要痛苦憋尿，若感覺有尿意感表示尿液已經形成在膀胱脹滿，不會回收了。而且憋尿容易使泌尿道受到細菌侵襲滋生，引發泌尿道發炎感染，一點都沒有憋尿的必要。

但建議在施打美白針前可先上廁所排空膀胱，因為打美白針可能需要一些時間，怕過程中會想如廁不方便，雖然現在醫學美容診所都使用活動式點滴架，我還是建議維持固定滴注姿勢，針頭刺在身上終究還是不太舒服，不如施打前先上個廁所免得等一下還要動來動去，接著就慢慢滴注，好好休息睡一覺放鬆一下吧！

懷孕時可以打美白針嗎？大部份的人會認為不適合，實際要看美白針的成份，在懷孕的過程中營養的需求會逐漸增加，每個孕期有不同的生理變化和營養需求，理論上配方得當美白針就是是營養針，幫助補充適當營養讓懷孕更順利、孕期減低不適。

保險起見務必和專業醫師諮詢美白針中的配方是否對懷孕有影響，以確保媽媽和胎兒安全健康，若醫師、營養師認為不適合也沒有必要堅持，美白並沒有一定要打美白針，懷孕期間多休息、防曬工作

做確實、飲食均衡,產後繼續打也不遲唷!

白的效果可以維持多久? 這個問題也像是瘦身成功後,曼妙的身材可以維持多久呢? 要看您的造化了!影響白不白的因素有很多,忽略防曬?熬夜?老化?內分泌?飲食?疏於保養?都會破壞你努力的白嫩成果。

常聽有人說美白針有打就白,沒打就不白了? 這是必然的!體內補充的美白成分會隨著代謝而流失,不打就是不會變更白,而且美白針可增加美白效率而非不打就黑,如果還期待自己更白,美白針必須持之以恆施打,當美白效果出現後只要繼續保養做防曬,維持的好會一直淨白下去的!

停打美白針會變更黑嗎? 停止注射不會變更黑,這個問題就像是減肥成功之後你大吃大喝還是會復胖,維持是很重要的。曾經有陣子很忙有近一個月沒去打美白針也沒有變黑,而且經常在家寫稿少上通告(減少紫外線曝曬)配合日常保養沒特別加強美白,我反而還變更白了,我想正確適當的防曬才是美白的最關鍵持續性的功課!

美白針可以淡化痘疤嗎? 美白針的美白作用是全面性的,如果有效的話也是全身上下都變白,不會針對某一處,痘疤單靠美白針效果慢又不明顯,還要看疤痕的特性,美白針改善黑色素沉澱的痘疤效果比較好,同理黑斑也可以淡化,但都是要打雷射才比較有效也快速,配合美白針一起治療效過加乘還可以預防反黑。

　　美白針不是立可白也沒那麼神效,不可能把黑的打成白的,更不

會打了馬上白，它可以提升美白的效率，是美白工作「多管齊下」中的其中一「管」，但在預算有限的情況下也非必要，不需要過度依賴，單靠美白針的話我可以跟你說沒有效，紫外線無所不在，不知不覺都在被紫外線傷害不停累積中，若你還是懶惰不小心防範紫外線、還想日曬的話其實可以不用浪費錢打美白針了，因為效果不好也維持不久。

美白針的美白原理在理論來說是有效的，我的經驗是在我身上的效果還不錯，四天打一次效果很快也很明顯。身邊的朋友有人效果很好，也有人看不出效果，還是要看個人體質和可以白的極限而定。對於美白效果我持中立態度，精神活力變好、膚質變水嫩的部份我是非常肯定。而且打一次沒有用，務必要持之以恆打，在醫護人員嚴格把關下是安全可靠的，不需要將美白針妖魔化。

那為什麼我還要規律打美白針？ 美白針對我來說是用來維持透亮度，平時上通告攝影棚內的燈光紫外線是很強的，甚至比戶外直接曝曬還嚴重，防曬很難做到滴水不露，為了要讓肌膚對紫外線有更強的抵抗力和皮膚健康，起碼不會變更黑，而且美白針是全面性的美白，從頭到腳全身上下每個角落看不到的私密部位都會變白，膚色均勻每處都白，不是一般保養品可以做到！

美白針不是萬靈丹，誰都不想白挨針挨痛然後沒效果，於是我要把美白針推薦給極度想美白、想提升美白效率、願意積極美白的人，挨針的痛才會值得！

美白急救箱：曬黑曬傷怎麼辦

曬傷（Sunburn）

　　日曬帶來的不單只有肌膚變黑，還有伴隨而來難以逆轉的老化問題，形成的自由基已無法消除，請務必確實做好防曬工作，急救只是將紫外線所帶來的傷害降到最低，曬後護理的目的在於提供舒適、降低疼痛、預防更進一步的傷害及可能產生的併發症，如：傷口感染、嚴重脫水、留下疤痕。

在日曬之前，我有一些準備工作……

1. 每週例行一次的全身去角質暫停，避免過度刺激讓角質層完整健康足夠抵抵抗外來刺激。

2. 這幾天少吃感光性食物，像是香菜、九層塔、西洋芹等日曬後易導致黑斑的食物。

3. 補充抗氧化成分的健康食品，如維他命 C、維他命 E、Q10、葡萄籽等，能降低紫外線對肌膚造成的傷害，提升肌膚防禦力。

4. 準備防曬急救包，內容物：有效遮蔽的衣物（穿長袖、長褲、長口罩、帽子、傘），若是我們工作不允許包緊緊，則要準備 SPF30、PA++ 以上的防曬乳一罐、攜帶用小電扇（散熱降溫用）、水（預防脫水補充體液流失及日曬後肌膚水份）、活泉水噴霧（鎮靜舒緩降溫）。

5. 準備蘆薈膠和絲瓜水，必要時可以放進冰箱備用冷藏後效果更好。

曬傷怎麼形成？紫外線指數超過四級，長時間曝曬就可能會發生曬傷，曬傷的主因是陽光中的紫外線引起的曬傷，也是我們防曬時要對付的狠角色，紫外線中的UVA可破壞到真皮層，使皮膚曬黑、老化產生皺紋；UVB使皮膚曬紅、曬傷，兩種紫外線都會造成皮膚癌。

當接受過量的紫外線曝曬，會引發發炎及過敏反應，遇熱皮下微血管網會擴張，表皮充血形成我們肉眼看到的皮膚發紅、發熱、刺痛，嚴重下去會使皮膚變粗硬然後乾燥缺水脫皮，為了保護皮膚黑色素（Melanin）會增加，在表皮沉澱使膚色變黑。

曬傷會出現哪些症狀？曬傷的症狀通常不會立即出現，日曬初期皮膚開始有一點紅就要提高警覺，不想繼續嚴重下去請儘速遠離陽光找遮蔽物，感覺發燙大概要四小時之後，接下來則會變得越來越紅，半天之後膚色會變黑、觸感變粗糙。由於曬傷就是一種皮膚的發炎反應，皮膚發炎受到損傷就會發熱、刺痛、紅腫，因為乾燥脫水及引起過敏反應出現乾癢症狀，脫皮則會發生在曬後二十四小時發生，更深層傷害還可能出現水泡，嚴重大範圍曬傷還會引發頭痛、發燒。嬰幼兒及老年人較易出現嚴重症狀，請務必小心處理並預防後續傷害。

你不可不知道

快速降溫的重要：高溫使麥拉寧黑色素活性增加，皮膚發熱還會誘發更多發炎反應，盡速降溫很重要！阻止紫外線進一步傷害，提供舒適！

Beauty up

當肌膚出現一點點發紅時是最佳的急救時機。

停止曝曬遠離陽光找遮蔽物：找陰涼地方休息，若是到有冷氣房的怕室內空氣太乾燥要注意保濕唷！

冰敷：可以減輕疼痛、使血管收縮退紅、緩和發炎。（皮膚血液循環不佳或感覺障礙的人要小心使用，並遵照醫師指示。）可以用冰袋冰敷十五到二十分鐘，休息十分鐘，少量多次不要一次敷過頭則可能引發凍傷，也可以用塑膠袋裝冰塊用濕毛巾取代冰袋。

曬傷護理：

- 依醫師指示使用止痛藥，緩解曬傷的紅腫發熱疼痛
- 依醫師指示塗抹藥膏，勿逕自使用成藥或偏方。
- 不要自行刺破水泡，容易引發傷口感染。
- 脫皮時不要去撕它，自然掉落即可。

飲食：

- 飲食均衡，宜清淡避免刺激性食物，如：蔥、蒜、薑、辣椒、酒、咖啡等。
- 多吃新鮮蔬果攝取維他命 C。
- 曬後水份流失，易導致脫水，要多補充水份一天至少喝水兩千ＣＣ。
- 口服補充維他命 C、E、葡萄籽、Q10 等抗氧化物，增加肌膚防禦力，促進黑色素代謝。

曬後保養：預防肌膚溫度升高時刺激黑色素生成，可用化妝棉局部濕敷快速降溫、補充水分；日曬後肌膚非常缺水，上粉底也很容易浮粉

不吃妝，嚴重還會脫皮，保養宜著重保濕及防曬以免二次傷害，嚴重曬傷應先求診皮膚科聽醫師指示做肌膚保養。減少刺激降低疼痛，避免使用酸類、過度刺激的保養品，如：果酸、水楊酸、磨砂膏等等。

　　平時慣用的保養品要先暫停，保養步驟以簡單為主，避免使用含酒精的化妝水，可用藥妝品牌的活泉水噴霧替代，活泉水有舒緩肌膚、抗炎症、抗刺激、減輕紅腫的功能，在日曬急救時也可以當第一線救急，許多藥妝品牌都有在藥妝店就可以買到。

　　活泉水噴霧本身補水保濕並不鎖水，日曬後肌膚又特別乾光噴活泉水是不夠的，可以用開架式就有出的蘆薈成份的保濕乳液補強，蘆薈凝膠拿來敷在曬傷發熱處修護力很好，溫和不刺激非常適合曬後用。新鮮的蘆薈鎮靜舒緩效果極佳，但是有人對其汁液過敏，在敏感時刻可能不適合當白老鼠測試，不妨可以買市售處理好的蘆薈膠安全又低敏感。

　　天然絲瓜水很溫和有鎮定、消炎、退紅的功能，經常溼敷美白效果也不錯，適合油性膚質，它還有抑制油脂分泌使毛孔細緻，是便宜又大碗拿來敷身體也不心疼的美白化妝水，市面上還有絲瓜萃取的全系列保養品可以選購。敷面膜救急補充水份保濕效果很好，但是市售的面膜內容成份千百種，建議等肌膚完全退紅、恢復健康才使用。

　　當脫皮發生就表示肌膚已經缺水缺油一陣子，平時保濕就該做好維持肌膚最佳含水量才會健康，處理脫皮開始做保濕也需要三、四天的時間恢復，千萬不要急著把皮撕下來很容易產生傷口更難護理。

Beauty up

　　洗澡時水溫不要太熱，用清水清潔最好，不過度清潔刺激皮膚天然保護膜，擦乾身體的毛巾要保持清潔，輕柔壓乾就好，擦上滋潤的身體乳液保濕。

國王的新衣該如何處理？我要白回來！曬黑後在肌膚健康的情況下當然可以儘快進行美白工作，但如果皮膚已經曬傷，請先做好以上的急救步驟將曬傷先治療好，因為美白保養品通常有一點小刺激，也可能含酸類成份會更刺痛，等穩定之後則可以加強保溼，維持肌膚角質層健康狀態，穩定之後就可以著手美白保養工作，以還原美白、促進角質代謝修護為目標。

積極白回來：要是預算比較寬裕，可以考慮醫學美容診所的美白針與美白導入，美白針 在急性期可以提供養份、補充流失水份、維持體力

Health and
Sustainability

極佳，規律施打還可以加速表皮細胞內黑色素的新陳代謝、還原美白、清除自由基，搭配外用保養品效果會更好！

左旋 C 導入美白效果很好，一般建議曬傷恢復後才做，因為左旋C 酸性強會有一點小刺激，在這之前可以做一些玻尿酸保濕導入為肌膚打底維持飽水度，等肌膚恢復健康之後一週可以做兩次，配合美白針打效果更加倍。

曬傷後的防曬：在皮膚受損敏感時更要小心防曬，除了基本防曬原則外，曬傷的皮膚需要幾個月的時間修護，在短期內避免再次曝曬，建議以物理性防曬（如：防曬專用衣物）減低肌膚的刺激為佳，必要時可以用陽傘、口罩等遮蔽衣物。塗抹的防曬乳則以物理性低敏感、溫和尤佳，恢復正常的健康肌膚可以在日曬前後搭配使用左旋維他命 C 成份的保養品，來抗自由基生成、還原美白，提升肌膚抵禦紫外線的能

力，降低曬傷、曬黑的機會。

曬黑事小，變成老皮就不好了！也許你認為肌膚會有 28 天的生長週期，夏天變黑只要等新陳代謝後，過了一個冬天就白回來了。年輕時新陳代謝快不覺得日曬會帶來多大的傷害，過了 30 歲，表皮角質代謝速率大大減低，曬黑會更難白回來，真皮層受損膠原蛋白流失更難以補回，乾紋、黑斑、皺紋、膚色不均、乾燥等一點一滴累積下來的老化都要花加倍的金錢和時間去修復它！

　　許多白肉底的人可能天生難以曬黑，但是近看膚色很不均，觸感也不像年輕該有的水嫩，皮膚只有一張，這麼大一張你要用一輩子，能愛護自己的只有你自己。

　　你累積了多少光老化了呢？別心存僥倖了！肌膚沒了抵抗力、失去彈性是很難回復的！與紫外線發生「肌膚之親」要付出慘痛代價！

Beauty Up

Whitening 5
美白重點班

局部美白，每一吋都不放過

奶油桂花手

　　手是女人的第二張臉，我們的臉在外風吹日曬，我們都有做基礎保養和白天的防曬工作，但是一整天為我們工作的手，有去保養的人不多，會擦防曬的人更少，是容易忽略的防曬死角之一。手部缺少皮脂腺，沒有天然皮脂膜的保護水份流失，角質層發達容易堆積老廢角質，使手看起來乾燥、粗糙失去光澤，很容易就洩露年齡的秘密。擁有美手不難，只要養成護手霜隨手擦的習慣，保持手部肌膚滋潤，遠離陽光傷害，保證讓人對你愛不釋「手」，

美手注意事項：

● 手部經常接觸水及清潔劑，會讓手部水份、油脂流失，可選擇比較不傷手、不刺激的天然清潔劑，如果可以儘量戴上防水橡膠材質手套。

● 紫外線可以穿透玻璃，對肌膚產生傷害，在開車或騎機車時，記得要戴手套防曬。

● 每次做臉部保養時，「順手」和手部皮膚一起，不管是去角質霜、乳液、面膜都很適合。

● 隨身攜帶護手霜，手乾的時候隨時補一下。

● 睡前塗上厚厚的護手霜，戴上棉質的護手套。

● 使用指緣油保持指甲邊緣滋潤。

● 指甲油顏色的選擇就像是女人擦口紅，選對顏色就顯得皮膚白皙。

Beauty Up

白皙美足

　　一整天中足跟支撐了全身的重量，加上經常走動摩擦，腳上的角質層會不斷增厚來保護皮膚，而足底缺乏皮脂膜防止角質層水分的蒸散，無法自行滋潤，到了秋冬空氣乾燥，出汗變少難以維持足跟濕潤，就容易發生足跟龜裂的情形。

　　久站需要穿高跟鞋工作的人，通常腳丫子都不美，特別是模特兒的腳，常會被新鞋磨破皮、長水泡後，留下醜醜的色素沉澱，加上疏於防曬，黑黑的腳上都是新傷舊疤，因為工作的關係還是得穿高跟鞋，非工作時間能不穿就儘量不穿高跟鞋，平時防曬一定要注意，夜間可以用左旋 C 或果酸局部淡色素疤痕。

磨砂膏的選擇： 手足去角質用的磨砂膏，可以與身體去角質霜通用，講究一點手部皮膚可以用臉部去角質霜代替。

居家足部護理： 足部的居家護理約一星期做一次，先去角質再塗上護足霜滋潤足部肌膚。請準備泡腳的小臉盆裝溫熱的水、泡澡鹽、磨砂膏、護足霜、棉質護足襪。

STEP1 將足部清潔。

STEP2 把泡澡鹽加入小臉盆，可滴幾滴平時喜愛的精油。

STEP3 把雙足放入浸泡約十分鐘。

STEP4 角質軟化後，用磨砂膏仔細在足部粗硬角質處畫圓按摩，如：足底、足部外側、足後跟、腳踝骨突處、腳趾每個指節及穿鞋常摩擦的地方，將老廢角質去除，按摩完畢用清水沖淨。

STEP5 用比平時多量的護足霜塗抹在雙足上，劃小圓按摩每一指節，由遠側按摩回近側促進末稍血液循環，直至護足霜吸收。

STEP6 均勻塗抹一點護足霜在足部，用保鮮膜包起來，可用熱毛巾熱敷加強吸收，促進血液循環。

美甲師的話

小恬 美甲師（美甲教學講師、Show Nails 香奈美甲店美甲師）

居家保養建議可以使用胺基酸安全濃度 8%的手足保養品，特別注意關節處加強淡化黑色素沉澱的部份，例如手肘、腋下、胯下、膝蓋及腳趾頭因為穿鞋造成趾節色素較深的部位。最好的保養時間就在洗澡後及睡前，擦上胺基酸乳霜保養全身皮膚，既滋潤又有美白及抗氧化的效果。

除了居家保養外，也可到美甲沙龍做進階保養，一般手足保養大約 2～4 週做 1 次，深層去角質保養大約 4 週 1 次。除此之外還可以選擇做較不傷甲的光療凝膠指甲，不僅變化多還可以保護指甲形狀，製作過程不像做水晶指甲會有揮發性溶劑的味道，光療凝膠指甲無臭味低粉塵，且質地較有彈性，不易造成真甲受傷。

美足注意事項：

● 在家要穿拖鞋，不要赤腳走路。

● 少穿高跟鞋壓迫到腳趾頭以免腳趾變型外翻。

● 避免穿不合腳的鞋，過度摩擦會讓局部色素沉澱，容易使腳破皮、長水泡變厚繭。

● 穿鞋儘量穿襪，保持足部乾爽衛生。

● 磨腳板力道和角度很重要，很容易磨到受傷，建議每天輕輕磨一點，漸進式去除不要一次就想全去除。

● 定期請專業的美甲師做手足基礎及深層護理。

● 睡前塗上護足霜，穿上棉質的護足套，可以讓足部保養品吸收更好，經常使用水份不容易散失，保持足部水嫩有彈性，在 39 元均一價商店就可以買到，衛生起見記得要經常換洗唷！

● 白天出門穿涼鞋、拖鞋，記得要做好防曬，保持足部白皙不曬出鞋痕。

膝蓋美白

夏天在路上短褲短裙美腿雲集，當腿型大家都是修長筆直，腿部的膚質就成為了吸引目光的重點，像笅白筍般纖細白嫩的美人腿，有人會以穿絲襪來修飾腿部膚色，但不是所有的鞋子或服裝都適合穿絲襪，將皮膚保養好才是最根本直接長久的方法。

膝蓋的皮膚和手肘這些關節處一樣，經常活動摩擦，久而久之容易角質層堆積，膝蓋就會出現粗糙暗沉，平時少穿緊身褲以免過多摩擦，在姿勢的部份要少跪以免血液循環不佳讓腿形不好看，且膝蓋過度受壓也容易局部變紅及暗沉，平時可以局部加強去角質，臉部敷完的面膜也可以剪開來敷在膝蓋。有些人的膝蓋黑不是色素沉澱引起的，仔細去看其實和其他部位色差不大，很可能是膝蓋上肉比較多產生皺褶，形成視覺上有陰影，可以塗抹一些瘦身霜在膝蓋上可以改善，讓膝蓋形狀更漂亮，看起來也不會暗暗有色差唷！

私密處美白

　　私密三角地帶的美白逐漸受到女性重視，私密部位的保養品牌也越來越多，當少了小褲褲的遮蓋，妳對自己還有自信嗎？除了身材不滿意，還有容易色素沉澱黑黑的地方如大腿內側、會陰部、臀下，跟著我這樣做妳也可以擁有可口白皙蜜桃臀！

　　這裡可以說是防曬做最徹底的地方，為什麼還會黑呢？因為衣服長期摩擦悶著加上受荷爾蒙影響而色素沉澱，而我們可以做的私密處的美白保養有哪些呢？

●當身體去角質時可以順便帶過胯下大腿內側、臀下較黑的粗硬角質及臀上方容易有一粒一粒不平滑處。

●會陰部的毛髮適當的修剪，可保持個人衛生，減少與皮膚間的摩擦。

●不要穿太緊的內褲，以免過度束縛不透氣，也很不健康。

●多種型式的內褲輪流穿，如：丁字褲、三角褲、四角褲等，預防身上留下固定印子變色素沉澱，配合抬臀運動，對臀型維持美觀也有幫助。

●洗完澡後可塗抹私密部位專用的美白乳液。

●避免同一部位長期壓迫，如臀下黑黑的兩塊，可用果酸乳液改善。

●可補充「吃的保養品」，由內而外使皮膚變白亮，是全身性不分區域，連令人害羞看不見的私密部位也變白，臀部粗粗的皮膚都變光滑，像是膠原蛋白、維他命 C 都是美膚的健康補充品。

Beauty Up

嫩白美胸一粉紅點點

乳暈的黑色素是與生俱來，也就是乳暈顏色是天生的，膚色白乳暈顏色會比較淡，膚色黑乳暈顏色會比較深，隨著年紀增加，顏色會慢慢變深。後天會變黑的原因是在女性青春期、懷孕、生產、哺乳過程中，因荷爾蒙變化影響乳暈顏色，或吃口服避孕藥等荷爾蒙製品及穿不合身的內衣都有可能導致乳暈變深。

從念護理以來，要和同學一起互相練習各種身體評估，袒胸露乳多次，實習加上護理工作一年，累積見過那麼多的乳房，說真的所有男人心目中夢幻正粉紅的淡色乳暈，我見過的少之又少，就算在新生寶寶的嬰兒房裡，小 BABY 的乳暈也不是粉紅色，都是淺褐色。目前並沒有醫學研究指出乳暈的大小和顏色深淺與性經驗有直接相關，引起乳暈變黑的原因有很多，從乳頭的顏色並不足以判斷是否有豐富性經驗，請勿以訛傳訛徒增女性心理壓力。

避免過度摩擦：任何的乳暈美白效果都非永久，經過不斷刺激摩擦還是會恢復原本的深色，請穿著透氣、合身的內衣，避免尺寸過緊或過鬆，減少乳頭和乳暈的摩擦，將胸型固定好，不但胸形美了，胸部的皮膚也會漂亮。

乳暈霜的原理：市面有些乳暈霜標榜一擦即見效，馬上把乳暈變成粉紅色，是利用粉紅色染料著色，跟化妝修飾一樣，附著力很好，不太

掉色。那究竟是保養還是傷皮膚呢？

　　還有一種乳暈霜成份添加有美白及角質剝除效果的，如：左旋 C、果酸、熊果素、維他命 A 酸等，都有一點點小刺激，這些成份只對表淺的黑色素有效，乳暈深不是因為日曬引起，平時使用在臉部的美白保養品塗抹在乳暈上，效果也有限，可使乳暈變黑的程度減低，但是荷爾蒙威力強大，懷孕時乳暈只會越來越深，很難用外用保養品來控制不變黑，一旦停用就會慢慢恢復。

擦私密部位的保養品可以用在乳暈嗎？引起乳暈、唇色及私密部位暗沉的原因雷同，且都是較特別的皮膚組織，擦私密部位美白及淡化唇色的也可用在乳暈，在效果都有限的情況下，安全不刺激才最重要。

乳暈去角質有用嗎？乳暈的黑色素和角質沒有太大關係，去角質去除的只有因過度摩擦引起的表面黑色素沉澱，因為荷爾蒙變化引起在真皮層的黑色素沉積使乳暈變深，去角質效果有限，過度乳暈去角質反而會使肌膚受傷，更多的發炎反應讓乳暈變更黑。

醫學美容淡化乳暈：目前醫學上會運用三合一淡斑藥膏來淡化乳暈，三合一藥膏就是對苯二酚 +A 酸 + 類固醇，一比一的比例混合擦在想美白的地方，因為刺激性強，需要在醫師的處方下自費購買使用，需要擦幾個月才會看見效果，且懷孕及在餵母乳期間不可使用。

如果效果不滿意，可以用淨膚雷射，破壞深層黑色素並刺激膠原蛋白增生，過程中會輕微刺痛，術後局部會發熱可能還會結痂，需要耐心照顧，除了乳暈，也可以用在股溝、胯下等敏感的私密部位肌膚，經過醫師的專業評估後，運用淨膚雷射安全恢復這些部位原有的顏色。

醫師的話

曾鈺涵 醫師（米蘭時尚診所醫師）

淨膚雷射又可稱釹雅克雷射，原是種治療色素斑的雷射儀器，常依斑的性質不同選用 1064nm 或 532nm 的波長進行治療。近年來的臨床經驗發現，將淨膚雷射調整適當的能量和參數後，還可改善膚色不均，減少肝斑色素，以及平衡油脂。目前淨膚雷射已成為醫學美容雷射治療最常使用的方法之一。

美背

　　　　背部的皮膚是全身除了手掌、腳掌外，角質層最厚的地方，皮脂分泌旺盛，位置的關係保養不易，是容易忽略的美白死角之一，常見的背部肌膚問題是毛孔粗大、粉刺痘痘、痘疤及膚色不均，擁有白皙乾淨光滑的美背是女人夢寐以求的，該怎麼保養背部呢？

擁有乾淨美背的洗澡原則

● 會有粉刺的形成就是一些角質代謝及毛孔堵塞，要多注重清潔。

● 可用抗痘的洗面皂來洗背，少用滋潤的沐浴乳以免痘痘滋養惡化。

● 洗澡水溫不要太熱，太熱的水會讓皮膚更乾燥，代償性出油會更旺盛。

● 可用粗糙的沐浴巾加強背部按摩去角質。

● 皮膚碰到潤 / 護髮乳後一定要洗乾淨，洗澡的順序最好是先洗頭然後護髮，可刷個牙，待五到十分鐘後將護髮霜沖淨，才洗身體，很多人會在護髮時洗身體，等沖頭髮時身體又碰到護髮霜裡滋潤的成份，很容易讓背部多長粉刺，洗臉也是等沖完護髮後才洗。

● 保持浴巾乾淨，擦身體和擦頭髮的要分開使用。

抗痘美背方法：

- 長痘痘的地方可以擦上醫師處方的痘痘藥，幫助消腫癒合。
- 洗完澡後可以塗上果酸乳液，加速背部角質代謝更光滑。
- 平時穿著清爽透氣的衣服，要經常換洗。
- 把絲瓜水裝在噴霧罐中，就變成美白收斂的美背化妝水，噴在背上可抗痘又保濕美白，效果很好。
- 如果背部很容易長粉刺、痘痘和痘疤難以控制，可以考慮做背部的果酸換膚。

SANA 抗痘專用白皙美背液：前胸、後背、臀部等身體容易長痘痘粉刺的部位都可以使用，瓶口朝上朝下都可以直接噴灑在皮膚上，免去後背塗擦保養品不便的設計，添加葉綠素，可以收斂毛孔，減少油脂分泌，讓背上比較不容易長痘痘和粉刺。

NeoStrata 妮傲絲翠果酸深層保養乳液 AHA15：果酸是由多種水果中萃取出來的，所以統稱為果酸（AlphHydroxyAcids，AHA），可去除老舊角質，用來治療皺紋及青春痘。果酸乳液可促進角質層的新陳代謝，常用來治療皮膚角化異常，如：毛孔角化症、粉刺等。促進角質層黑色素分解後代謝，以達到美白功效。用來擦在背上效果很好，需要大約三週的時間代謝，背上的粉刺會減少，開始變得光滑，漸漸穩定明亮起來。剛開始使用時會有一點癢癢刺痛的感覺，用來擦小腿前側的毛孔角化症，兩週後消了八成，持續使用現在非常穩定幾乎完全看不到紅點，光滑到發亮。果酸不像 A 酸有光敏感性，白天也可以使用，但是它的去角質作用，肌膚會比較敏感，還是要作好防曬，以免曬傷。

醫師的話

盧采葳 醫師（米蘭時尚診所醫師、中華民國美容醫學會會員）

　　果酸換膚，是淺層化學換膚的一種。利用酸類的輕微溶蝕性，讓皮膚的老舊角質層（或淺層表皮層），被破壞、剝離、去除，達到皮膚更新的效果。可改善反毛孔、細紋、暗沉、油脂分泌問題，也能用來治療反覆發生的青春痘、粉刺、青春痘疤（包含色素沉積）、抑制角化症復發等等。果酸換膚行之有年，臨床上可選擇的酸類越來越多樣。居家使用的保養品的酸類濃度約在 15% 以下，較高度的酸類換膚，須在醫療院所由醫師評估後執行，每隔 2-4 週做一次，多次治療後可漸漸調高酸類濃度，已達到更好的效果。

　　美背選擇：目前臨床上的處置方法，有口服藥（青春痘、黴菌感染）、局部藥膏（治療感染、青春痘或色素沉積）、美白導入、甘醇酸或杏仁酸換膚、雷射淨膚、雷射換膚等等，依施會依個人的美背問題，作單項或多項的處置。

除毛

　　台灣女性漸漸受到西方女性除毛是禮儀的影響，女性除毛在台灣越來越熱門，不知不覺中我們都養成習慣，適當的除毛既美觀又衛生，看起來也清爽多了。我們對於去除體毛，重點都放在腋毛和腿毛，西方女性是全身上下都注重，舉凡背部、手臂、臉上、肚子上及比基尼線，甚至是整個下體私密處都會徹底除毛。當毛髮對妳的外觀形成困擾時，就可以開始除毛，即使不是在夏天，也要養成除毛的習慣，抑制毛髮滋生細菌產生異味，保持個人良好的衛生習慣，而有青春痘、傷口、疤痕、發炎、曬傷或灼傷等皮膚問題，都不適合除毛，以免更刺激。

　　男性荷爾蒙多泌多寡，會影響體毛生長的多少和速度，而身體不同部位的體毛生長速度也都不同，腋毛生長速度比腿毛快，夏天又比冬天快，所以在夏天穿著清涼時，除毛是非常重要的課題。

　　當多餘的體毛去除後，皮膚在視覺上就會看起來更白，特別是毛髮濃密的人效果最明顯，究竟除毛的方法有哪些呢？

除毛的方法

除毛刀：用除毛刀刮除體毛是很普遍、簡單、快速的方法，適用於全身的體毛。購買相當容易，連便利商店都可以買到，造福出門在外有重要約會卻忘記除毛的小迷糊。有很多人害怕毛髮會越刮越粗，不敢嘗試除毛刀，事實毛髮是皮膚表面的死細胞，毛髮的根部本來就感覺

較粗，並不是因為除毛使毛囊再生長出的毛髮越長越粗。致命缺點是無法連根刮除，會有黑點像「鬍渣」的尷尬畫面，且長得快要經常刮除。

在皮膚濕潤時使用最安全，勿乾刮造成皮膚損傷，就像是男性在刮鬍子會用刮鬍泡，我都是洗澡時身體皮膚濕濕時，用沐浴乳起泡塗抹在要除毛的部位，軟化毛髮還可保護皮膚表面，刮起來也比較順手唷！每次除毛後，記得用清水沖洗除毛刀，不用毛巾擦乾，自然風乾可避免刀片變鈍傷害皮膚，一般建議每個月換一支新的。且因個人衛生考量，避免與它人共用除毛刀，防止傳染疾病。

自行拔除：自己拔體毛是最累、最花時間，卻是效果最好的除毛方法，適用於腋下等避免尷尬需要拔除最乾淨的地方，但是會有一直拉扯使腋下皮膚刺激，有皮膚鬆弛的可能，而且拔會有一點痛，如果養成習慣，每天洗澡看到有新生的就拔，就不需要每次花很多時間去拔除，且連根拔起會長比較慢。

電動除毛刀：電動除毛刀是利用電動的方式連根拔除體毛，比起自己拔除的速度要快許多，但畢竟還是機器，比較難徹底清除每一根體毛，追求完美的人要手動自己拔乾淨，且對於像腋下皮膚皺褶多的部位，很容易「咬」到皮膚而受傷，我技術比較不好，經常弄到受傷、流血，紅腫痛很多天，用在小腿這些較平滑的地方就比較安全。

脫毛膏：用化學藥劑溶解毛髮來達到除毛的功效，操作很簡單，只在

要除毛的部位塗抹上脫毛膏，每個身體部位的體毛粗細不一，停留的時間不同，待時間到後，用刮棒輕輕一刮，毛髮就會脫落，效果立現，也沒有疼痛感，在美材行及藥妝店都買得到，價位也可親。

可是缺點是這些化學成份比較刺激，不適用於敏感肌，容易使皮膚發紅引發過敏反應。皮膚科醫師建議使用前先做試驗，在皮膚上擦一小塊區塊，看看有沒有任何過敏情形，才擴大範圍做其他區域除毛。皮膚有傷口、發炎，也不適用這種除毛法。

蜜蠟脫毛：原理是利用蜜蠟的高度黏性將體毛連根拔起，是比較物理性的除毛方法，是相當簡便也快速的除毛方式之一，在美材行就可以買到。

蜜蠟撕、貼技巧會影響除毛效果，先把過長的毛髮修剪到約一公分，較容易拔除，使用前要保持肌膚潔淨乾爽，才能保護皮膚不受傷，貼上蜜蠟時，要順著毛髮生長的方向，撕的時候要逆著毛髮生長方向，速度要快，沒有一次拔除可重複以上動作，但對皮膚是更多一次的刺激。

蜜蠟密封貼住整個皮膚表面又撕起，容易引起毛囊刺激而發炎，而演變為毛囊炎，而且除毛過程中比較痛，需要一點時間習慣，現在已慢慢被其他較新的除毛方式取代。

雷射除毛：運用雷射的高能量破壞毛囊，達到永久除毛的效果，全身上下的毛髮都適用，優點是可以一勞永逸去除惱人的毛髮，但是毛髮有一定的週期成長及休止，會處在不同生長階段，需要幾次療程才可以達到完全根除。雷射除毛過程中不會痛，只有一點熱熱刺刺的感覺；缺點是與其他除毛方式的費用比較相對比較高，但可以永久，幾次治

療後，毛髮都不長了，特別適合腋下除毛，乾淨清爽完全看不到毛根，「舉手」投足都很自在。

除毛後護理：除毛之後皮膚較敏感，可塗上有鎮靜舒緩作用的乳液，或拍上專用的除毛後化妝水，使毛孔收斂。避免去角質及日曬，不去游泳以免泳池水中的氯會刺激皮膚。

醫師的話

何玲嬅 醫師（中華民國美容醫學會專科醫師）

常見門診中有些客人因除毛不當造成的副作用。例如長期以自行拔毛方式除毛造成毛囊發炎而產生色素沈澱皮膚變黑的，或毛囊皮膚因長期拉扯造成粗糙。相較之下，如果在有經驗的醫師操作下，能根據膚色及毛髮粗細做正確能量判斷，雷射除毛的確是安全又永久有效的治療。只要間隔一個半月，治療四到六次，就可以免除刮毛的煩惱。

粉嫩美唇

　　唇部是我自豪的部位之一，我的唇紋很淡，唇色是粉紅色，保養秘訣就是一直補護唇膏，只要嘴唇沒有濕潤的感覺就補，護唇膏不離身，如果出門忘記帶都會去買一支來用。

　　嘴唇的皮膚和臉部其他地方比起來很薄，是幾乎沒有皮脂腺和汗腺分布的特殊構造，自我保濕力較差，需要額外多補充滋潤的護唇用品。唇色和唇紋的深淺，與先天遺傳體質有關，有的人天生就黑色素活躍，受到刺激便分泌生成，唇色就容易變深。常常在空氣乾燥的冷氣房、頻繁吃冷熱或刺激性食物、陽光中紫外線的傷害、常抿嘴及疏忽於唇部保濕，這些後天的保養不當，都會引起唇部的乾燥脫皮甚至老化，唇紋就會變深，唇色也變黯淡。

　　血液循環不好唇色會暗沉，貧血唇色會蒼白無血色，身體健康血液循環好嘴唇就會紅潤，常接受外來刺激也會使唇紋加深，如：有抽煙、喝酒習慣的人唇色會比較深。嘴唇要漂亮，雙唇的比例、唇色、唇紋都很重要，我們可以靠保養提升嘴唇的「質感」，注重保濕滋潤，嘴唇就會ㄅㄨㄞㄅㄨㄞ，令人心動唷！

『白白的小祕密』
密集美唇法

STEP1 在乾淨的嘴唇上抹上唇部去角質霜。
STEP2 以指腹畫小圓按摩一分鐘後用面紙擦掉。
STEP3 用最滋潤的護唇膏厚厚塗一層在嘴唇上。
STEP4 蓋上保鮮膜。
STEP5 用熱毛巾熱敷數分鐘。

粉嫩讓人想咬一口的護唇法

　　平常防曬乳液也要帶到嘴唇周圍，嘴唇本身的防曬目前還是有些爭議，一方面要擦到足量的防曬不容易，而且還會有吃進防曬藥劑的可能性，附著力好一點的護唇膏可以改善這個問題，如果有經常要日曬還是建議為嘴唇做防曬，沒有的話可以不需要刻意。改掉抿嘴、舔嘴唇、咬嘴唇習慣，護唇膏或唇彩會更持久，減少吃下肚。

●有脫皮不要去撕它以免乾裂受傷更嚴重。

●多喝水，護唇膏不離身，隨時擦補，勿用口水濕潤嘴唇，越舔會越乾。

●有使用唇彩記得要卸妝，使用專門針對眼唇的卸妝液，動作要輕柔。

●睡前塗上一層厚厚滋潤的護唇膏，擺在床邊方便半夜醒來時可以補。

●美白精華液在嘴唇周圍可以加強，這是美白易忽略的死角之一。

Carmex 小蜜堤護唇膏：手邊用的護唇膏應該有超過百條，用來用去這款回購率最高，罐裝很滋潤適合睡前擦，軟管狀很方便攜帶，防曬係數很適合外出防曬用，它獨特的涼涼香草味道，如果可以接受的話應該會很喜歡它！

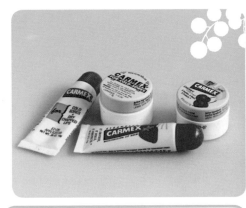

Smith's Rosebud Salve 玫瑰花蕾膏：淡紅色的外觀有淡雅的玫瑰香，質地軟很容易變成油，擦在嘴唇上油油亮亮，可當護唇膏、唇蜜，修護效果很好也可以用在傷口或小 BABY 的尿布疹，皮膚乾燥的關節處都可以用，當指緣油效果也很棒，有淡化唇色效果。

SHISEIDO THERAPIND 魔唇唇部按摩精油：淡黃色的偏油的膠狀質地，有些許的柔珠按摩顆粒，淡淡薄荷香，用完嘴唇非常柔軟，增加嘴唇的滋潤度，使用一兩個月後嘴唇周圍色素沉澱淡化不少。

斑

　　「一白遮三醜」白皙美人五官的美都被模糊焦點了，別氣！可別忘了還有一句「一黑遮三斑」，三斑指的是黑斑、雀斑、老人斑，當背景底色變深，瑕疵自然和背景融為一體，看不到斑點了。膚色白，瑕疵全被突顯，白的人容易長斑，看起來也更明顯，因此美白之路的終極目標就是，不只要白，還要白淨無瑕！

斑點的形成

　　為避免肌膚受到陽光紫外線的傷害，黑色素扮演著保護細胞核的角色，黑色素循序漸進往上分布到肌膚表面，決定了我們的膚色，隨著年齡增長和紫外線持續破壞，刺激黑色素細胞過度反應，活性增強，過多的黑色素集中在皮膚表面及深處，形成了斑點，一旦產生就不易消失。

斑點形成的原因如下

遺傳體質：有的人天生就有雀斑，還容易長肝斑，有的人怎麼曬都沒有斑，不刻意保養，一生中臉都是乾乾淨淨沒有任何斑點，很令人羨慕，要感謝上輩子燒好香，現在可擁有先天的好膚質。

荷爾蒙：女性在生理期前、懷孕期間，受女性賀爾蒙的影響，黑斑都會變得比較嚴重。排卵後到生理期前的兩週稱為「黃體期」，體內會大量分泌黃體素，與製造黑色素的荷爾蒙有關，這個時期特別容易曬黑長斑，因此在黃體期更要做好防曬，避免曬太陽。口服避孕藥含黃

體素及動情激素，長期服用也容易長黑斑，在停藥後色素會慢慢消失。

紫外線傷害：過多的紫外線照射，為了保護肌膚不受紫外線傷害，基底層的黑色素受到刺激，大量產生黑色素，如代謝不良難以排除，就會直接沉澱在肌膚表面形成黑斑。且經過紫外線的照射，使肌膚乾燥缺水，導致肌膚角化不協調變成斑點。因此，常曝曬陽光的人容易斑，生成後很難消失，所以除斑最重要的工作是「防曬」。

壓力：壓力引起 ACTH、MSH 分泌增加，導致黑色素形成，內分泌失調，自律神經也受影響，血液循環變差，肌膚新陳代謝會變慢，色素沉著而形成黑斑。壓力還使皮脂分泌旺盛，肌膚變油膩而粗糙，堵塞毛孔，痘痘粉刺就一直長，發炎後的色素沈澱也會形成黑斑。

老化：角質層代謝異常，以至於長期產生的黑色素累積，難以分解代謝，角質層增厚，堆疊排列雜亂，沉積過多的黑色素，沉積的部位可能肌膚表面的角質層或更深入的基底層，甚至靠近真皮層，深淺有不同的處理方式。

發炎：皮膚發炎會刺激產生更多的黑色素，如：青春痘、濕疹、外傷，毛囊炎等都會引起色素沉澱，處於溫度太高的環境也會使黑色素細胞活躍。

當臉部出現大小、深淺不一的斑點，應請皮膚科醫師診治，根據不同斑的屬性會有不同的處理方式，在平時保養時，因已形成黑色素的斑點，在選擇美白精華液時，成分中除了要有阻斷黑色素形成，還要可以代謝老廢角質的活化成分，才能有效淡化斑點。建議可使用含有 L-Ascorbic acid（左旋 C）、Kojic acid（麴酸）、Arbutin（熊果素）、Ellagic acid（鞣花酸）、Chamomile ET（洋甘菊萃取物）和 Tranexamic acid（傳明酸）等衛生署核可的美白成分添加的保養品，或是經過醫師處方及建議下，口服傳明酸或高劑量的維他命 C 及美白外用藥膏，內服加上外用效果會更好。

　　淡斑保養品只對淺層的斑或痘疤有淡化效果，較深層的斑，仍要用雷射除斑治療才能有效去除，深層的斑單擦保養品效果有限，只能淡化無法完全去除，可考慮專業的醫學美容療程，如：果酸換膚、美白導入及雷射治療，加上規律打美白針加強代謝黑色素，可更有效消除斑點。

POINT

『白白的小祕密』
雷射術後護理

- 第一週是傷口癒合期，避免傷口碰水，每天擦傷口藥膏。
- 飲食宜清淡少刺激性食物，如：辣椒、咖啡、茶、酒等，保持心情愉快，作息正常不熬夜，有助傷口修復。
- 傷口癒合後，可以使用美白保養品或做美白導入繼續維持。
- 不管是不是雷射術後，防曬是平時就要做，不做防曬斑仍會繼續長。
- 一個月內不要去三溫暖使用烤箱或蒸氣浴，高溫會使黑色素活躍。

雷射術前注意事項：

●表淺斑點可使用醫師處方的三合一美白藥膏、果酸換膚或美白導入，使用三個月都會有不錯的淡化效果，不一定要用雷射。

●接受雷射除斑前，請與醫師確認黑斑的屬性，選擇適合的雷射方式，且要了解治療後可能出現的反應、及完全根治需要打的次數。

●最少在術前一週不大量暴曬陽光下。

●可以開始規律打美白針，補充營養促進代謝，使術後更不易反黑，復原更快。

　　黑色素主要功能是保護皮膚免受紫外線傷害，當年齡增長、環境污染、過度日曬、飲食、藥物、壓力、荷爾蒙、慢性病等不可避免的問題發生，都會形成黑斑，形成後需要花很多的金錢和心力去消除它，因此預防斑點的產生的工作相當重要，生活作息要正常，少熬夜，飲食營養要均衡，並多攝取富含維他命 C 抗氧化的蔬果，日常防曬更是重要。

醫師的話

于曉恩 醫師（米蘭時尚診所醫師）

臉上常見的黑斑包括：雀斑、曬斑、肝斑、太田母斑、顴骨斑、老人斑等等。不同的斑，有不同的臨床特性，不同的組織病理變化。不同的病，當然不可能用一種方法全部都治好。治療斑所使用的方式包括雷射及藥物、藥膏等。很多朋友都會問斑除掉後是否會再復發，與日光/紫外線相關的斑，如雀斑、曬斑、肝斑，如果累積過量日曬，當然會變多、變深。所以除斑不是來醫院診所半個小時的治療而已，而是持之以恆保養防曬來預防新斑的產生。

Beauty Up

黑眼圈

　　眼睛周圍是全身皮膚最薄的地方，色素及血管的顏色很容易透出，形成所謂的「黑眼圈」（dark circles），黑眼圈是非常普遍又難以根治的皮膚問題，十個人裡面有九個有黑眼圈，眼睛周圍黑黑一圈像熊貓，但是一點都不可愛呀！讓人看起來很勞累氣色不好，這是很棘手的煩惱，皮膚再好的人，都難以倖免熊貓怪的附身，本人也深受其害，而且皮膚白的人底色白淨，黑眼圈看起來就更明顯更嚴重了，講到這我都覺得好心酸，這是皮膚太白的缺點之一。

黑眼圈的成因

　　造成黑眼圈的原因有很多種，解決的方法都不同，想要消滅它要先從了解形成的主因，才能對症下藥，有效改善黑眼圈，而不是猛擦針對黑眼圈有效的眼霜。一般來說黑眼圈有三個常見的類型，有大家最熟悉也最常見的「血液循環不佳」造成，以及日曬、不當使用化妝品引起的「色素沉澱」，或因老化形成眼袋型的黑眼圈，每一種有不同的處理方式，針對形成原因做解決通常可以有效幫眼周掃黑，以下逐一介紹。

血管型黑眼圈：外觀看起來像黑青，只會在下眼皮呈現紫黑色。眼周皮膚的真皮層裡，分布有豐富的血管網，而眼周是人體皮膚最薄的區域，只要微血管或靜脈充血水腫，造成靜脈擴張，血液淤積血流不順暢，血液循環不好，血管中就會充滿缺氧血而呈現藍紫色，血管的顏色很容易透到皮膚上，眼圈就看起來比較深。

　　睡眠不足時血管充血、過敏性鼻炎鼻竇經常充血，鼻腔與眼周的循環變差，局部靜脈回流不佳，都會使眼下靜脈擴張；當熬夜、長時間或近距離閱讀，眼周的靜脈血管長期受刺激充血及血紅素囤積；抽

『白白的小祕密』
水煮蛋熱敷

熱敷可以促進血液循環，每天早上煮一顆水煮蛋，用毛巾包起來熱敷在眼睛上，左右眼交替，約敷 15 分鐘即可，水煮蛋的熱度可以持續很久，非常適合用在溫熱敷，敷完還可以當營養早餐吃掉唷！

菸及過量飲酒易使眼周血管充血破裂，這些血液循環不佳狀況，都會形成黑眼圈。

　　想要根治血液循環不佳的黑眼圈，首要改善的就是要促進眼部血液循環，我們可以做的如下：

● 要有足夠的睡眠，讓身體得到充分的休息。
● 少長時間及進距離閱讀。
● 針對過敏性體質治療，才能擺脫黑眼圈的困擾。
● 多按摩眼睛周圍促進血液循環。
● 避免熬夜，調整作息正常。
● 戒菸、戒酒。

色素沉澱型黑眼圈：色素型的黑眼圈是淺咖啡色，有些人天生黑色素就比較多，與體質遺傳有關，或可能因為眼周的肌膚較脆弱，使用劣質化妝品，或卸妝品的刺激，甚至是沒有將彩妝徹底卸除乾淨，都會造成發炎敏感，使黑色素活性增加而沉澱，要改善因色素沉澱造成的

黑眼圈，可以用美白除斑的方式來進行。

● 避免不當刺激搓揉眼周皮膚。

● 眼部彩妝要清潔乾淨，使用眼唇專用卸妝液。

● 使用有美白成份的眼霜，如：左旋維他命 C、熊果素來淡化黑眼圈。

● 擦防曬乳、戴太陽眼鏡。

卸眼妝：卸妝要卸夠徹底乾淨，眼唇卸妝最好是分開，專門的卸眼唇液卸妝力夠，針對眼唇部位，刺激性低，不會讓卸妝油跑進眼睛裡，視線變得霧茫茫，眼妝不殘留讓眼周肌膚免於化妝品色素沉澱，可以用化妝棉和棉花棒輔助局部清潔。

● L'oreal 卸眼唇液：是油水分層型式，使用前要搖一搖，無香料，溫和不刺激，卸除眼妝很夠力，連防水眼線、睫毛膏都可以輕鬆清潔溜溜。

● GIVENCHY 紀梵希美白超亮采緊緻無瑕眼霜：有添加淡淡珠光，修飾使眼周肌膚明亮，質地細緻清爽，好推好吸收。添加可淡斑美白的甘草萃取物，可有效淡化黑眼圈，並標榜可淡斑、除皺、緊實，全方位保養眼周肌膚，讓保養更簡單有效率。

● Runve 貝思得完美美眼筆：是眼部專用超音波導入筆，可以按摩眼部增加眼霜吸收，促進血液循環及新陳代謝，可有效消除血液循環不佳、色素型的黑眼圈。

眼袋型黑眼圈：眼下的皮膚薄，易鬆弛讓脂肪堆積，外觀會看起來泡泡的，使人顯得老態憔悴沒有精神，眼袋的形成部份與遺傳有關，隨著年齡增加的老化，過度勞累憔悴，長期受重力影響，使眼下的皮膚下垂，老化形成皺紋，這些皺褶使眼周顏色變深，黑眼圈就顯得更嚴重。 這類型的黑眼圈是因老化引起，要改善就是要消除眼袋，使眼皮恢復彈性，預防皺紋及眼皮下垂。保養時可注意：

●日常保養可選擇含胜肽、左旋維他命 C、維他命 A 衍生物和果酸等成份，可溫和有效對抗撫平細紋成分的眼霜，預防老化改善眼袋。

●至專業的醫學美容診所，在眼下局部打脈衝光或淨膚雷射，可有效刺激膠原增生及抑制黑色素，達到美白緊實的效果。

目前要有效消除眼袋都需要動手術，運用 CO2 雷射除眼袋效果很好，恢復期很短。而平時多注意飲食清淡，特別是晚餐調味少一點，不要吃太鹹，睡前不要喝太多水。

『白白的小祕密』
茶包可以消水腫除眼袋

茶包含有咖啡因及茶多酚可美白、消水腫，但是泡過的茶包會釋出大量單寧酸，對肌膚產生刺激，引起眼睛四周皮膚的過敏，反而會讓黑色素沉澱讓黑眼圈更重，讓泡泡眼消腫的方法有很多，其實可以選擇更安全有效的，如：用冰過的鐵湯匙冰敷眼部，都是不用花錢在家就可以自己做的小撇步唷！

BeautyEasy 自然保養網 葡萄・綠茶多酚 舒活亮眸 K 眼膠：清爽好吸收，適合年輕肌膚預防細紋及眼袋，我喜歡在睡前厚厚擦一層當晚安眼膜，即使前一天大哭過，早上起床完全看不出倦容，消除眼部腫脹效果超好，有添加維他命 K1 及熊果素，增進眼部循環，可美白改善黑眼圈，經常用眼的電腦族，擦上這款眼膠可消除眼部疲勞，冰涼舒緩好舒服！

令人聞之色變的「小肉芽」： 不敢擦眼霜的人，大多都是怕長小肉芽，認為是用了太油的眼霜所引起，在眼下肌膚小小的白色顆粒令人聯想到粉刺，所以對滋潤的眼霜退避三舍，這是錯誤資訊，連許多專櫃美容師、美容雜誌及平面媒體都對此說法深信不疑。

粟粒腫（Milia）就是大家口中的小肉芽，外觀像擠不掉無開口的白頭粉刺，好發在臉部特別是眼睛周圍，皮膚科病理研究證實是因肌膚太缺水乾燥、過度去角質等情況下，肌膚形成肉眼看不到的微小傷口，在修護過程中，新生的表皮往內生長，形成白色的小顆粒，這樣說起來，不擦眼霜滋潤眼周才會長小肉芽呢！。

所以礙眼的小肉芽和保養品滋潤沒有絕對關係，更不是使用了太油膩的眼霜阻塞了毛孔，在許多新生兒鼻子上也會出現，小 BABY 總不能在媽媽肚子裡面偷偷擦滋潤的保養品吧！

治療黑眼圈砸重金買保養品、醫學美容療程，都只是輔助，能治標不治本，想將眼圈徹底掃黑，要從生活習慣中改善，避免熬夜有充足的睡眠、多運動都相當重要，有人說「一天睡不好，睡三天都補不回來。」可見熬夜睡眠不足對身體影響很大，抽菸、喝酒、吃刺激性食物、壓力、生病體力不好都會使黑眼圈更嚴重，而日常保養更要注重眼周的防曬，除了擦防曬品之外，還要戴上太陽眼鏡保護眼周皮膚及眼球的健康，以免紫外線傷害使眼下的真皮層膠原蛋白流失，彈性纖維減少，失去彈性，產生細紋及皺紋的，且眼周曬黑也使黑眼圈更加重。

嫩白美頸

綁起馬尾露出頸後的雪白肌膚，令許多男人怦然心動，與臉相連跟著臉一起拋頭露面多年，只要疏於保養很容易就被人發現，頸部皮膚很細緻脆弱，膠原蛋白含量比較少，容易缺乏彈性，當一道道的年輪出現在黑黑的脖子上，想要消除可不容易，要及早開始淡化及預防保養工作，前後頸都很重要。

頸部可以與臉部共用保養品嗎？

頸部應該是身體皮膚裡最幸福的一部份了，我們經常使用保養品時就隨手擦在頸部，它可以跟著臉吸收臉部專用的保養品，但若你是油性膚質，都是用清爽油份少的保養品，可能對脖子來說就不夠滋潤了。頸部的肌膚皮脂腺和汗腺的數量比臉部少，容易乾燥缺水，保溼不夠便會慢慢老化產生細紋。所以脖子需要比臉部更滋養的護理，用在臉上過於油膩不適用的保養品，不妨可以試試用在脖子上。

對抗頸紋

就算臉部肌膚再細緻，頸部皮膚鬆弛，深深的頸紋還是透露出妳的年紀，殘酷的年輪讓我們顯得更蒼老，事實上頸紋形成的原因可能是遺傳，有人天生就有加上後天疏於保養，老化及姿勢不良也都會讓頸紋變更嚴重。

Beauty Up

　　而我從小就有頸紋，因為我脖子上有一個凹陷的疤痕，不偏不倚剛好在正中間那條頸紋上，所以對頸部的保養幾乎呈現半放棄狀態，只有擦擦乳液把保溼做好，頸紋仍存在。直到今年我請整型外科醫師幫我修疤，疤痕變平整，留下一些色素和發紅，我就在家用左旋 C 超音波導入，每週做兩次，跟臉部一起做，不到一個月疤痕只剩紅色，而且頸紋變的很淡很淡，凹疤去除後，加上左旋 C 使膠原蛋白增生，除了變白還有了淡紋的意外收穫，左旋 C 真的很棒！

預防頸紋

不宜太快速減重，讓皮膚無法負荷忽然失去支撐力，容易使頸部皮膚鬆垮失去彈性。頸部皮膚比臉更需要保濕，要使用更滋潤的保養品好好愛護它，日曬更是引起老化的主因，防曬工作也不可以輕忽唷！

在塗抹保養品時，可稍稍按摩拉提一下肌膚，由頸部下向上輕推按摩，預防鬆弛，做超音波導入時也是由下往上輕輕帶過即可。不當的姿勢是頸紋提早出現的主因，在生活中可以注意一些小細節，如：戒掉講電話時夾電話的壞習慣；枕頭不要睡太高，但還是要以個人感覺舒適為主，因為睡不好對皮膚健康都不好。

看到這裡你應該會很期待我教大家做美頸運動吧！事實上我不做頸部運動來防頸紋，運動的出發點是好的，可以增加血液循環，讓局部肌肉更緊實發達，但是頸紋造成的原因是皮膚鬆弛，這些脖子的伸展運動反而都會拉扯到皮膚，皮反而更容易鬆，就像是臉部有過多表情容易產生動態的深紋路，我寧可平時將防曬及保濕做好，配合居家的左旋 C 導入，效果就非常令人滿意。

頸部美白

頸部防曬很容易忽略，除了要塗抹上足夠係數的防曬乳外，可用加長可遮住頸部的口罩，及穿有帽的外套子可保護耳朵和頸後肌膚的外套做補強。

臉部的美白保養品可以用在脖子上，身體的美白乳液也可以再塗一遍在頸部。當臉部敷完的面膜還很濕，可以用剪刀將面膜從中間剪一半，一片敷在頸部正面，一片敷在頸後。

臉部美白

　　十五年前我買了人生第一罐乳液開啟了我的保養之路，曾經砸重金迷信專櫃名牌，洗完臉瓶瓶罐罐，整張臉要塗五、六罐保養品。現在我的臉部保養很簡單很便宜，只做好清潔、保濕和防曬，做完清潔我臉上只擦一罐開架式三百多元的乳液，這幾年我的皮膚越來越穩定，膚質比以前更好了，確實做好防曬少了紫外線的傷害，皮膚的保養變得非常簡單。

　　過去大家都認為在二十五歲前的年輕肌膚，只要清潔保濕做好就已足夠，事實上，選擇保養品時，是依據膚質的年紀，俗稱「膚齡」，身份證上的實際年齡僅供參考，現代人的膚齡因許多外在因素而比實際年齡大，在挑選保養品時要隨著不同季節依照皮膚的需要變化，適時做調整，自己是最了解自己膚質的人，就算是一張臉也會有不同區塊的膚質特性，更何況是全身上下一整片大範圍的皮膚，隨時去感受它的改變來做保養，最好的方式就是平時就將清潔、保濕及防曬做好，保持肌膚狀態穩定，它就會一直都乖乖不出問題好照料了！

　　在美白基礎班已經介紹過防曬的重要和做法，這只是白天防護的部份，美白成效要好是要「日夜接力」，到了晚上沒有紫外線傷害，回到家身體可以放鬆無壓力，在休息時全身的細胞才有機會自我修護，好好充分休息才可以恢復活力，使容光煥發，做好清潔夜晚是最佳密集修復的護膚時光。

卸妝

　　卸妝很重要，一整天頂著又濃又重的妝，該是讓肌膚休息時候了，市售卸妝產品有很多種質地，有卸妝水、卸妝油、卸妝乳、卸妝霜，依照個人使用習慣和膚質選擇，我喜歡用卸妝油，清潔力很足夠，每次乳化時都覺得很有成就感，有些人則會對卸妝油過敏，裡面有一部份的人是不正確使用卸妝油，導致膚質變更差。卸妝油一定要經過完全乳化這道程序沖洗乾淨才是完成，若真的還是不適合就不要勉強，卸妝用品種類這麼多，選擇其他的卸妝品就好了，對怕油膩的人來說卸妝水很清爽，是很不錯的選擇。

Shiseido 資生堂 TISS 深層卸粧油：用過市面上數十種卸妝油，我很在意卸妝油的觸感黏稠度，這款黏稠度適中，很好乳化，容易沖洗乾淨，另一款綠瓶身可乾濕兩用我還會用來卸身體難卸的防曬。

洗臉

　　清潔可以除去臉上多餘油脂及環境中的灰塵污垢，使老廢角質不堆積不堵塞毛孔，幫助保養品的有效成分吸收，正常情況下每天早晚各洗一次臉即可，三次為上限，水溫不冷不熱的溫度最好，溫水會讓肌膚油脂和水份過度流失，冷水清潔力略微不足，不冷不熱的水洗完臉後再輕拍上冷水，讓肌膚毛孔更緊緻收縮。清潔要適度、溫和，過度清潔，會使肌膚乾燥、受損，傷害到肌膚表層，形成急、慢性的刺激，誘發發炎反應，使黑色素細胞活躍，變更黑離美白又越來越遠了。

至於添加美白成份的洗面乳在臉上停留的時間很短，個人認為美白效果有限，若有輕微去角質功能的洗面乳也許會有短暫的美白效果，但是就要考量是否適合天天使用，以免過度刺激肌膚又引發發炎過敏反應。

Shiseido 資生堂 perfect whip 超微米潔面霜：

有添加氨基酸衍生物幫助保濕，所以洗起來雖然很有潔淨感卻又不會緊蹦乾澀，香味淡淡的，用量很省，一點點就可以搓揉出許多柔細的泡沫，很舒服的洗臉感受，是我用了多年 N 條的值得推薦的平價好物。

POINT

『白白的小祕密』
清潔後的保養

　　做完臉部清潔後，肌膚吸收效果最好也最需要保濕，我會以最快的速度開始擦保養品，我的保養第一步驟不是化妝水，化妝水存在的爭議在「洗澡後的保養」有提到，一般我都是拿來濕敷，或是選用質地比較特別的美容液化妝水取代。

美白精華液

　　美白保養品中最積極有效的就是美白精華液，有效成分濃度高，保養品項中單價最高，滲透效果最好，可選擇衛生署公告的美白成份，添加維他命C衍生物、熊果素、傳明酸、麴酸、洋甘菊萃取及鞣花酸等，可全臉擦或是局部擦在斑點或較暗沉部位，輕柔按摩到吸收即可。

Kanebo freshel 佳麗寶膚蕊瞬間浸透美白美容液水
保濕度 ★★★★☆
亮白度 ★★★★☆

　　有添加維他命C、膠原蛋白，特別的「化妝水＋美容液」濃稠化妝水質地，濕敷用量大，單擦就可以讓膚色明亮、均勻，有別於一般化妝水，既保濕又有美白效果，容易吸收也清爽。

For Beloved One 寵愛之名亮白淨化白牡丹晚安凍膜

保濕度 ★★★★☆

亮白度 ★★★★☆

　　有淡雅白牡丹宜人香氣，凍膜質地很容易吸收，一年四季都適合用，塗抹上後不需要清洗，吸收一整夜的美白及抗氧化精華，早上起床皮膚水嫩亮白令人驚豔，是必備日常美白晚霜或急救用面膜。

保濕乳液

　　我的保養原則是保養品可以不要美白但一定要保濕，美白精華液沒有保濕效果，所以用乳液來保濕就再適合不過了，只要把保溼做好，在油水平衡的狀態下，肌膚紋理才會平整，外觀既光滑細緻又飽滿。

肌研極潤玻尿酸乳液

保濕度 ★★★★★

亮白度 ★★★☆☆

　　玻尿酸高效保濕功能是極乾肌的救星，質地柔細好吸收，讓肌膚表面很柔嫩，觸感像喝飽水般 Q 彈，妝前使用讓底妝精緻又持久。

Kanebo freshel 佳麗寶膚蕊膚蕊美白精華晚安美容霜

保濕度 ★★★★☆

亮白度 ★★★★☆

　　在睡前塗上厚厚的美容霜滋潤一整晚，供給肌膚足夠的營養，還有高濃度的美白成份讓亮白效果更加倍，早上起床皮膚的觸感很令人驚豔，飽滿透亮斑斑點點都淡化了。

　　美白工作中「代謝」也是很重要的一步，代謝主要是將已經形成的黑色素代謝分解，單有美白有效成份是不夠的，深層的黑色素要用可深入肌膚基底層的美白精華，才能有效代謝消除，無法進入肌膚深層，仍是無效。接近皮膚表面的色素會隨老廢角質自然剝離代謝，或運用外力去角質，將淺層的暗沉消除。按摩及去角質是保養中可增進肌膚黑色素代謝的美白方法。

按摩

　　按摩可以促進肌膚代謝，增加血液循環，可改善暗沉，使膚色由內透出亮白，加速黑色素的排除，減少色素沉澱，增加肌膚透明感。每次用乳液時稍加按摩到吸收，一點都不輸面膜的保養效率，或是可以選用按摩專用的美白按摩霜，取代乳液更保濕又可加強美白。按摩時機也不需要很刻意，在敷完臉部的保濕或美白面膜，取下面膜後通常臉上還是有大量的精華液，按摩到吸收或按完洗掉都可以，用在夜間保養很適合。

『白白的小祕密』
如何做臉部按摩

● 指腹按摩，延著肌肉紋理畫圓。
● 力道適中，讓臉部肌肉放鬆即可，不用力拉扯。
● 遵循「由內而外，由下而上」的按摩方向原則。

臉部去角質

　　一般都建議視膚質狀況決定去角質的頻率，乾性、敏感性肌膚，兩週做一次去角質；油性、混合性膚質，一週一次去角質。但是這只是建議，而非每個人都要照做，應該是要看肌膚當時的情況。

　　臉部比身體的肌膚代謝更快，只要保養得當，事實上不需要刻意

去角質，我每兩個月會打一次淨膚雷射，所以開始停止例行的去角質，至今我已經有兩三年沒有做臉部去角質，也不會因為少了去角質而皮膚變差，近一年起大概是我目前膚況最好的時期。

如果平時經常敷臉，保濕有做好，防曬也注重，清潔徹底不馬虎，生活作息正常，飲食均衡，在正常情況下年輕的肌膚確實不需要藉由外力來去角質，肌膚會有自己的代謝機制，建議去角質的工作是要視情況和視各部位的膚質做調整，如：額頭、鼻子和下巴，角質粗厚粉刺較嚴重的部分才去角質。

隨著年紀增長代謝變慢，角質厚膚色又暗，導致保養品吸收不良，再有效的美白成分，都難以進入肌膚，就可以做去角質；但若是為了美白而去角質，你可能會失望，也許只有剛開始幾次立即見效，求好心切過度去角質只會讓皮膚失去抵禦外界的能力，還可能加速老化，更易曬黑，嚴重時還可能會受傷，適度去角質是很重要！

美白保濕可以同時進行嗎？

很多人都認為美白保濕兩者無法兼得，因為美白保養品較少添加保濕成份，保濕則是非常重要保養的一環，平時保濕做好，肌膚就不會出現極乾的狀況，沒有脫皮乾燥時都是很適合加入美白保養，忽略保溼讓皮膚變白了，但視覺上卻老了，沒有健康的肌膚做基礎，再白的肌膚也美不起來。

增加肌膚的保水度及彈性，提高角質層的含水量，可避免使用因使用美白產品引發的敏感，肌膚處於穩定狀態時，抑制黑色素的成分

更好吸收，美白效果也加倍。

　　健康肌膚對於外界刺激防禦力佳，較不會引發過敏及發炎反應，黑色素活性就不會增加，不刻意美白光保濕就能讓肌膚健康，有白一號的感覺唷！保養品的品項越簡單越好，建議一般有保濕的正常膚質想美白可以用美白精華液搭配保濕乳液，睡前可以多擦滋養的精華晚霜；若是乾性及敏感肌要先將肌膚穩定下來，簡單保濕防曬做好，再加入美白精華液，效果會更好也不刺激。

超音波導入 DIY

　　超音波導入以每秒一百萬次高頻率的震動原理，調節細胞膜的通透性，使細胞間隙加大，將更多有效成份送進入肌膚更深層，視導入的保養品成份而定，可達到美白、保濕等功效，也可幫助塑身產品局部瘦身。過去是應用在肌肉復健，可增進新陳代謝，微微溫熱可促進血液循環，使保養品更容易被吸收。較安全且操作容易，可居家自行使用，臉部每週可做兩次，一次約十到十五分鐘。

如何選擇導入液：導入時需要以水狀的物質當介質，但是不是所有的保養品都適合做導入，凝膠、乳霜或精華液都可以嘗試，我喜歡用精華液做導入，雖然很容易就吸收用量會比較大，但是夠水夠潤滑，不會讓皮膚有被拉扯的不適感，質地有點保溼水潤不過度油膩，每次導入完皮膚都好超柔嫩。

　　使用超音波導入就是要提升保養品的吸收度，值得注意的是，大

部份的保養品會都添加色素、香精、抗菌劑及防腐劑，在導入時是否也會將這些物質也吸收更多了呢？建議還是選擇成份單純、無添加的保養品較為安全。最簡單的成份就是自己做左旋 C 原液導入，美白緊實的效果非常顯著。

左旋 C 原液製作：口服的維他命 C 從腸胃道消化吸收後到達皮膚只有百分之七，效果有限。左旋維他命 C 可以讓人體有效吸收利用，是很好的抗氧化劑，促使膠原蛋白生成，防止黑色素生成、淡化斑點美白

Beauty Up

效果佳，透過超音波導入可以讓吸收更好更有效。一般建議濃度 10 到 20%。

●材料：左旋 C 粉 1g + 水 10g

●使用方法：將左旋 C 粉溶於 10g 的水中，因為左旋 C 易氧化效果降低，建議一次做少量儘快用完。避開較敏感的眼唇周圍及黏膜，塗在全身想要美白的地方，因為是酸性所以擦起來會有一點點小刺痛是正常，使用後請記得加強保溼，它本身沒有保濕的效用。

　　使用後並不影響日常作息，左旋 C 可以在白天使用，並沒有光敏感或是反黑的可能，只是左旋 C 分子較不穩定容易氧化，若塗在臉上時就會出現一層暗黃色，有變黑的視覺假象，只要洗個臉就沒事了。而左旋 C 雖然無法防曬，但它可以保護皮膚減低紫外線傷害，提升對抗紫外線的能力，有研究證明使用左旋 C 後擦上防曬，防護效果會更加倍。

『白白的小祕密』
左旋維他命 C 小知識

　　左旋維他命 C 全名是「左式右旋維他命 C」，應該稱它為「右旋 C」而不是「左旋 C」，早期的誤用經過大家廣為流傳，也就將錯就錯延用下去，其實它是一種特殊型式的維他命 C，可以有效被人體吸收利用，名字取錯但是東西是對的，勿因此而否定維他命 C 的功用。維他命 C 是很棒的抗氧化劑，可減少自由基，使膠原蛋白生成，增強免疫力，是防皺美白聖品。

導入方法：準備一支居家超音波導入儀，在藥妝店及美材行都買的到，及想要導入的保養品，做完臉部清潔後，在臉上塗上較多的保養品，用超音波導入儀的探頭分區畫小圓移動，直到保養品完全吸收，接著就可以做日常的保養。

使用應注意事項：

● 避開眼球，以免造成損傷。

● 導入時間不宜過長，過度震動能量反而會讓肌膚失去原有的彈力。

● 皮膚有傷口、嚴重痘痘都不宜使用。

　　肌膚出現問題，嚴重時還是要去看皮膚科，請醫師診斷治療，而現在醫藥科技發達也應用在美容上，講求效率有預算的人除了居家個人保養外，可選擇專業的醫學美容療程，讓美白更有效率，像是果酸換膚、美白針、超音波導入、淨膚雷射都是針對美白都有明顯的效果，請與專業可信賴的醫師諮詢，提供建議適合的護膚療程。健康可以由內而外散發出美麗，有健康的身體才有健康的皮膚，健康的皮膚光滑透白有光澤，就是我們想成為的漂亮肌膚，將基礎保養清潔、保濕、防曬三大重點把握，特別是容易被忽略的防曬，可以延緩「光老化」問題的出現，正確的保養很簡單就可以讓皮膚健康漂亮。

醫師的話

何玲嬅 醫師（中華民國美容醫學會專科醫師）

臉部保養品的選擇真的是很多，能參考白白的經驗，的確可以省去許多金錢時間的浪費。但每個人的膚質不同，建議朋友們在嘗試新的保養品時，要一瓶一瓶慢慢增加。例如這週試新的一瓶化妝水，同時仔細觀察皮膚的反應，是否敏感發癢，膚質是否有明顯變好。如此逐漸地單項嘗試，細心觀察，相信愛美朋友們能很快又安全地找出適合自己的保養品。

牙齒美白

　　阿白喜歡笑，一笑就是嘴張的大大的停不了，好像深怕大家看不見我的大臼齒。阿白的牙齒常被身邊的人稱讚非常的白，被形容是「齒如編貝」，都猜測愛漂亮的我有做很多藝人熱愛的牙齒冷光美白，甚至懷疑我整口牙都是假的，其實我的牙齒貨真價實，沒有任何一顆是假的，也還未做過冷光美白呢！

　　話雖如此，我對我的牙齒仍不滿意，還是想要它再白一點，皮膚越白的人，牙齒很容易看起來黃黃不夠白，我去幾間牙醫診所問診都被勸退，牙醫師認為我的牙齒已經是最白色階前幾名了，改善空間有限，建議我平時做好牙齒保健就好，所以平日的居家牙齒美白工作也是我很重視的部份！我總愛說健康的皮膚最美麗，同樣也適用在牙齒上，擁有一口健康好牙，牙齒就一定好看，牙齒再怎麼美白都只是表面功夫，從小就要養成愛護牙齒的好習慣，平時注意個人口腔清潔衛生，一口好牙非難事，讓你更有自信笑口常開唷！

阿白平時的潔牙美白習慣如下與大家分享……

● 牙縫很容易藏污納垢卡食物殘渣，是牙刷不容易刷除乾淨的死角，牙齒間縫隙一定要使用牙線來清潔。

● 每餐飯後或有進食過及睡前都要刷牙，並使用牙線來清潔牙齒，準備

攜帶式牙刷組放在包包裡，方便隨時隨地都可以刷牙。

●半年要讓牙醫師做一次例行的牙齒檢查，透過洗牙去除牙齒表面的附著物，針對因口腔衛生不佳、牙菌斑形成及飲食習慣引起的牙齒染色，達成牙齒美白的效果。並早期發現平時未發現的牙齒問題，可早期治療以免更嚴重。

●少吃容易讓牙齒染色的深色食物，如：巧克力、咖哩、咖啡、可可、中藥湯、濃茶、酒等，一定要吃的話，請多多善用吸管，吃完後一定要儘快漱口或刷牙。

●平時可使用美白牙膏做日常基本的牙齒美白，美白牙膏的美白原理是利用研磨顆粒，將牙齒表面的汙垢去除，亮白效果有限，但有可預防牙齒變更黃的清潔效果。

●絕對不抽菸，抽菸會快加速人體老化，黑色素量也會增加許多，菸焦油不只有累積在肺部讓肺變黑，影響肺功能，還會使手指、牙齒變黃，並且為了健康，愛美的人一定一定要及早戒菸！

●少吃零食，多攝取含有維他命 B、C 及鈣質，保持牙齒、牙齦和口腔黏膜健康，如：柑橘類、芭樂、奇異果、蛋、乳製品及穀類等。

牙齒為什麼會黃？

牙齒顏色改變的原因可分為外因性染色以及內因性變色，外在染色多是後天經常食用高色素的深色食物或飲料，如：抽菸、喝茶或咖啡等，都容易著色在牙齒表面使顏色變深；內因性的牙齒變色色素沉

著較深，這類的黃牙不易處理，大多是一些病理性的變化，常見的發生原因是在牙齒形成時，懷孕的婦女或二歲前的嬰兒服用了四環黴素類的抗生素藥物，造成乳牙變黃，嚴重甚至呈現灰藍色在牙齒表面，如果是二歲到八歲服用這類藥物，則會造恆牙永久性的變色，染色的嚴重度著色深淺，會視服用時間的長短及牙齒形成的階段有所不同。

如何美白牙齒？ 目前各種美白牙齒的方法，都是利用化學藥劑，藉由氧化作用把附著在牙齒表面上的污垢及色素分解，使牙齒恢復亮白色澤，透過這樣化學反應，或多或少會對牙齒造成傷害。除了平時注重口腔保健外，想要積極將牙齒美白需先找出牙齒變色的原因，才能做

有效的處置，找出原因後要衡量自身的經濟能力許可，以及對美白的要求程度，來選擇合適的美白方法，預算多的人可以去牙科診所請牙醫師為你評估建議做美白療程，如：雷射美白、冷光美白，高濃度藥劑在牙科診所執行效果快速又安全。想省荷包的人可以自己做居家美白，居家美白產品包括紅極一時的美白筆、美白貼片、牙托及凝膠等等，以塗擦或貼片的方式使化學藥劑附著在牙齒表面，達到美白牙齒功效，購買容易價格也低廉，在藥妝店或網路上隨處可見。不過不管做哪種型式的牙齒美白，除了方便性更要考慮安全性，使用前一定要先做徹底的口腔檢查，在牙齒健康狀態且在醫師的指示下使用居家美白用品。

居家的美白我是用牙齒美白貼片，使用起來很方便也簡單，只要一天用一次，避免在剛刷完牙使用，缺點是貼的範圍只有局部上下門齒的部份，貼在上下排牙齒各約八顆，像我嘴大一笑就是上下排各十顆露出來，就會有旁邊的美白不到，用起來有一點涼涼麻麻的感覺，使用三十分鐘就可以取下去漱口，刷牙去除殘留的凝膠，標榜三天見效。用完一盒十四天份美白效果很明顯，而且經濟實惠又簡單操作！但是這十四天中會覺得牙齒和牙齦很敏感，常痠痛特別是吃到冰涼的食物都會，視每人的反應有所不同，有的人完全不會酸痛，一般都是短暫不適，停用後即可改善。

牙齒美白也別過頭了，過度的美白牙齒容易受傷，白得不夠自

然，失去光澤也不健康，而且要提醒大家居家美白不易控制要小心安全，有些化學藥劑較刺激口腔黏膜，在使用過程中容易吞食些許藥劑，嚴重可能會傷及食道。市面上許多居家美白產品屬於藥品級，產品選擇上標示要夠清楚，需經過檢驗合格，都是想要做牙齒美白的人選購上要注意的！

美白牙齒常見的副作用是引發牙齒痠痛敏感，一般在停用後可以緩解。目前化學性的牙齒美白對於四環黴素引起染色的牙齒，美白效果有限，只對表淺的染色牙有效。不管是做居家牙齒美白或是牙科診所專業的美白療程，效果都不是永久，經過一段時間還是會回復，整修完門面還是需要細心長期保養，才能維持亮白更持久，並且從小養成重視口腔衛生的好習慣，好好照顧陪伴我們一生的牙齒，就會又白又健康，加上迷人的微笑曲線，讓人目光忍不住聚集在你潔白的牙齒上，笑起來更是散發自信光采。要是可愛的女孩要是有著一口明亮潔白的牙齒加上迷人的微笑，多令人人心曠神怡啊！

醫師的話

林哲毅 醫師（奇美醫學中心牙醫部主治醫師、教育部部定講師）

美麗的牙齒跟大小、顏色以及臉型對稱性都有相當關聯。牙齒顏色在美白相關領域中也有許多方式，其中維持清潔是首要，以顯示出健康粉紅色牙齦及牙齒之對比。牙齒美白前仍須注意將有齲齒填補或是需根管治療等，或由牙醫師診斷後利用不同方式做適當處置。

牙醫美白方式分成兩大類：一是主要利用化學物質中的過氧化氫成分，其濃度上不同分成居家牙托使用跟牙醫專用。冷光、雷射美白主要就是利用高濃度漂白劑加上前述儀器的催化，加速美白的速率，僅能在牙醫院所由牙醫師使用。此為可逆性治療，維持時間短，需要反覆使用以維持。治療後仍會有牙齒酸軟敏感現象，應避免冰涼食物，可用抗敏感成分牙膏改善。二為牙齒陶瓷貼面，主要使用在嚴重四環黴素染色之患者，利用磨除些許牙齒琺瑯質，以適當色階之陶瓷貼面改善顏色。此為不可逆過程，有許多注意事項，維持時間久。牙齒美白坊間商品眾多，使用前仍須先諮詢牙醫師專業意見。

腋下美白

　　台灣女性一般只有在夏天去除腋下的毛髮，腋下的皮膚更是大部份都沒有人在保養，有的人天生沒有色素沉澱，甚至毛髮很少或是沒有，看起來就十分乾淨清爽，而我們這些毛怪只能靠後天保養出白嫩嫩平滑的腋下肌膚了！

　　頻繁地除毛引發發炎等刺激反應留下色素沉澱，或是除毛不徹底，不管遠看近看都看的見毛根，黑黑的很不好看，要美腋要記得先把毛除乾淨，用拔除或是雷射除毛的方式都是非常好的選擇，可以將毛髮連根拔除不容易有黑點點的尷尬畫面，再長出來的速度也比較慢，皮膚觸感也比較滑不會刺刺的。

　　而腋下經常夾著加上衣物的摩擦，很容易色素聚集局部黑黑的，特別是靠近胸外上側內衣束縛的地方，大部份的女生這邊的膚色都會較深，皮膚中偏白或更白的人特別明顯，美白產品都有一定的效果可以消除這些暗沉，市面上有一些品牌出了一系列的美腋產品，有針對腋下的色素沉澱有敷膜、去角質霜和美白精華，甚至是制汗劑也有美白效果。

　　還有些人是因為腋下皮膚皺褶而顯得膚質不夠好，切勿不正常快速減重，經常可以做一些簡單的美化腋下的小運動，顯得更緊實，此外穿著正確合身的內衣可預防並避免副乳及不必要的腋下贅肉產生。

　　腋下是最容易被忽略卻又會引起別人注意的部位，想要舉手投足間不尷尬，在保養時要更注意這些小細節，注意個人衛生，全身都美白可別忘了腋下，連腋下肌膚都看起來水嫩平滑不暗沉，潔淨無瑕是我們美白的最終極目標。

季節有春夏秋冬，月亮有陰晴圓缺，女性有月經週期，周而復始地規律循環都是造物者的巧思，女性朋友也經常依照月經週期幫身體做調養，近幾年也出現「生理週期減肥法」、「生理週期豐胸法」，根據月經週期不同階段荷爾蒙波動帶來的身、心及膚質的變化所延伸出來的作法，把握黃金時期讓效果發揮到最大，掌握生理週期，讓肌膚健康又美麗，多了解多細心呵護自己，才能真正由內而外都美！

一般女性的月經週期是 28 天，有人週期長也有人短，25 到 35 天都算是正常，此篇適用一般女性的 28 天週期。

第一週：月經期（自月經來潮第一天算起的七天）

身體狀況：卵子沒有受精，子宮內膜剝落形成月經，每次經血量約 60 到 180c.c.，鐵質流失體力也迅速消耗容易感到疲倦，雌激素和黃體素分泌減少，血液循環變差、體溫降低、手腳冰冷，有的人有經痛、腹瀉、嘔吐、情緒起伏大等不適反應。

膚質：脆弱敏感，新陳代謝變慢臉色暗沈出現黑眼圈，身體的水分流失皮膚乾燥、還有經前長的青春痘。

美白護理重點：保濕、消除黑眼圈、加強防護！

因雌激素與黃體素分泌降低加上生理期失血，皮膚變得乾燥要多加強保濕，可以敷保濕面膜密集補充肌膚水份。

此時期皮膚敏感脆弱除了保濕做好外，更要加強紫外線的防護，且儘量不要在這個時期開始試新保養品，避免引起皮膚敏感不適。

血液循環不良引起黑眼圈加重，可以使用熱敷、眼部按摩或用眼膜。

飲食上避免減肥維持身體所需熱量，力求飲食均衡，少喝冰冷的飲料，多補充富含鐵質的食物，如：牛肉、菠菜、豬肝、葡萄乾。

第二週：濾泡期（月經結束至排卵）

身體狀況：雌激素分泌逐漸增加，在分泌達到最高峰後發生排卵，是身體的危險期的肌膚安全期，此時期新陳代謝旺盛，充滿活力，皮膚血流量增加，膚質細膩。

膚質：體內荷爾蒙分泌平衡皮膚變得強韌，呈現透亮光澤，觸感柔嫩，毛孔較細緻，是肌膚狀況最好最穩定的時候。

美白護理重點：膚況穩定是美白黃金期

1. 皮膚狀況很健康適合去角質，敷上美白面膜，更好吸收效果更好。

2. 此時期肌膚吸收力強，可以多使用平常捨不得用的高價位濃度高保養品單品，如：美白精華液、美白面膜、美白晚霜，用來鎔除已經形成的黑色素。

3. 可大膽嘗試增加或更換新的保養品，酸類等較刺激的美白成份是入門的好時機。

4. 經期後可以運用中藥食補補充氣血，如：四物湯、八珍湯、十全大補湯。代謝循環會變更好，膚色更白裡透紅身體更健康。

身體狀況：排卵後黃體素大量分泌，基礎體溫會上升直到下次月經來潮，此時期情緒不穩定，容易焦慮不安。

膚質：受黃體素持續分泌影響，黑色素活性大增，容易曬黑，原本的斑點顏色加深，皮脂分泌逐漸增加肌膚容易出油。

美白護理重點：皮膚的調整期，加強美白、控油、防曬！

1. 防曬要更嚴密小心，此時候特別容易曬黑、長斑。
2. 持續美白工作不馬虎，以清爽、簡單不要太滋潤為主。
3. 出油量增加，可以在易出油部位局部濕敷控油、收斂化妝水。
4. 避免長時間化妝，回到家儘快卸妝清潔。
4. 可在這週做深層清潔，保持毛孔暢通。

身體狀況：雌激素分泌持續減少，黃體素分泌到達高峰，皮脂分泌旺盛，黑色素活性更強，比黃體期更為嚴重，青春痘、脂漏性皮膚炎、黑斑問題一一出現。大約在經前一兩週女性常常會陸續出現經前症候群（Premenstrual Syndrome；PMS）現象，症狀有全身或局部水腫、體重增加、乳房脹痛、小腹特別突出、頭痛、便秘、長痘痘、情緒不穩定、脾氣容易暴躁、沒耐心、腰痠背痛、腹痛、食慾改變，甚至睡眠障礙等。

膚質：與濾泡期剛好相反，女性生理的安全期就是肌膚的危險期，是肌膚狀況最糟的時期，大量出油、青春痘又腫又紅、毛孔又粗又大、粉刺長不停。

美白護理重點：皮膚的不安期，著重清潔、控油預防生理痘。

1. 使用溫和、不過度清潔的洗面乳，最少每天早晚各洗一次。
2. 美白工作仍要持續，預防變黑，除了清爽外保濕也要加強。
3. 防曬一整個月都不能輕忽，特別是這個時期更容易變黑長斑。
4. 在易出油部位局部濕敷控油、收斂化妝水。
5. 可溼敷清爽的保濕／美白化妝水補充肌膚水份。
6. 膚況不穩，新的保養品不適合在此時期嘗試。
7. 已長出的痘痘可擦醫師開立的外用藥，勿自己擠小心留下疤痕。
8. 例行的深層清潔和去角質可以照常執行，增進肌膚代謝能力。
9. 養成規律運動，早睡早起正常作息，代謝才能更順利，也能預防經前症候群，好好迎接下週即將到來的經期。

後記

　　多年來一有新品上市我都將自己當做白老鼠，勇敢嘗試各項新品，手邊來來去去的瓶罐無數，應該已經有上千罐了，大家都說好用的絕對不是保證，對我來說保養品只有適不適合，沒有所謂好不好用，保養品的效果因人而異，是非常主觀的感受，就算我們的臉小小一個，就有同時存在有不同的膚質，局部較容易出油或乾燥長細紋，而且全身上下皮膚那麼大一張，每一塊都不太一樣，就算是一個人使用在自己全身，不同部位就有不同感覺，更何況的不同人，每個人用起來反應都不同，加上外在因素影響，如：季節變化，保養品隨時都要更換，皮膚就像是一大片田地，一年四季都需要農夫辛苦耕耘，疏於關心就會雜草叢生，照顧得當就會大豐收令人滿意，而最了解最懂自己肌膚的人就是你自己，你是這片田地的主人，試著去觀察感受，你也可以擁有淨透美肌！

　　每個人的膚質不同，它人的評價方便讓你從琳瑯滿目不知從何下手的眾多產品中去除地雷品，縮小你的選擇範圍，一切都僅供參考，而且我總愛說保養不必花大錢，要當一個美女花費確實不少，保養是愛自己投資自己的好方法之一，只要懂得精打細算，聰明省荷包還是可以美美的唷！　而且誰說由奢入儉難？我從非專櫃不買到現在開架也佔據了我的化妝台，預算彈性取決於保養品的品質和效果，若是效果好，要我花上五千我也覺得值得，若是效果差，要我花一百塊我都覺得好浪費。

　　在這本書裡沒有太多花俏噱頭的美容新法，但全是在美白中必要的遵行守則，這些重點看似簡單平凡，真正能確實執行的人又有多少，連我都偶爾會偷懶，卻都是美白的不二法門，特別是我苦口婆心不停

囉嗦提醒的「防曬」工作，絕對不可以偷懶！

　　這本書我大約密集寫了兩個月，這是我的第一本美容書，本人只要有關保養的話匣子一開，根本停不下來，千言萬語難以用一本書說完，寫到現在我仍然覺得還有好多想寫，連作夢都會夢到我想補充什麼，我也想談些肌膚的基礎保養，結果光是談美白內容就已經多到足夠寫成一本書，希望未來有機會可以出一整系列的美容書，像是化妝、醫學美容、塑身或美胸等主題，將這些年來阿白努力變美麗的心得通通分享給大家，這是我的第一本美容書希望你們會喜歡！

　　很感激幫我圓夢且為我量身打造美白書，一直指引我方向激發我靈感的貝絲姐，時時貼心讓我方便補防曬維持白皙的于晴姐，及受傷骨折行動不便的大雄，仍為我奔波聯絡許多細節，原來寫一本書有那麼多繁瑣步驟！所以我也要謝謝幫我辛苦校稿的超細心可愛的編輯，這段期間家人好友們在我趕稿壓力大時對我的包容和全力支持，初次寫書有許多問題也要謝謝可藍老公的寶貴意見，還有好幾次外景曬黑把我救回來的米蘭時尚診所的所有醫護人員和美容師們，醫師們在百忙之中還抽空幫我寫醫師專欄，讓這本書更豐富專業！還有隨時在臉書上與我互動打氣的粉絲們給我無比巨大的力量，這一切成就了我這本書，心中有滿滿難以言表的感謝，這個夢想實現的過程有你們的參與，我實在是超級幸福，好愛你們！謝謝！

　　最後還是要提醒大家，白不一定比較美，白的紅潤有光澤才健康，切勿盲目地美白，而美白的終極目標就是不只是白，還要白的乾乾淨淨水水嫩嫩，達到透、亮、白的最高境界！

李依璇

NW104

美白教主：小黑鬼的美白之路，企鵝變天鵝不是夢

作　　者：李依璇（白白）

編　　輯：蘇芳毓

美術編輯：徐智勇（Mint.）

出　　版：英屬維京群島商高寶國際有限公司台灣分公司

聯絡地址：台北市內湖區洲子街 88 號 3 樓

網　　址：gobooks.com.tw

電　　話：(02) 27992788

電　　傳：出版部 (02) 2799-0909

郵政劃撥：19394552

戶　　名：英屬維京群島商高寶國際有限公司台灣分公司

初版日期：2011 年 5 月

發　　行：高寶書版集團

美白教主：小黑鬼的美白之路，企鵝變天鵝不是夢！
李依璇著 . 初版 . 臺北市：高寶國際，2011.05
208 面；14.8x21 公分
ISBN 978-986-185-580-6(平裝)
1. 皮膚美容學
425.3　　　　100005262